AF589034

Extrait

SALLES D'ASILE POUR L'ENFANCE.

PREMIÈRES LEÇONS D'HISTOIRE NATURELLE.

ANIMAUX DOMESTIQUES.

1re PARTIE.

(FÉVRIER 1836.)

EXTRAIT DU CATALOGUE

DE LA

LIBRAIRIE CLASSIQUE ET ELEMENTAIRE

DE L. HACHETTE,

RUE PIERRE-SARRAZIN, N° 12, A PARIS.

Arithmétique à l'usage des classes d'humanités dans les établissements d'instruction publique, avec un appendice contenant la théorie des racines carrées et des logarithmes ; ouvrage adopté par le conseil royal de l'instruction publique, et modifié conformément au programme du 18 octobre 1833 ; par M. Vernier, professeur de mathématiques spéciales au collége de Henri IV ; 3e édition, 1 vol. in-12. Prix, broché. 1 fr. 50 c.

— Cartonné avec soin. 1 fr. 75 c.

Arithmétique (petite) raisonnée à l'usage des écoles primaires, suivie d'un recueil de problèmes, par le même. 1 vol. in-18 de 144 pag. Prix, broché ou cart. 60 c.

Cet ouvrage est un des cinq manuels adoptés par le Conseil royal de l'instruction publique pour les écoles primaires.

Astronomie élémentaire, par A. Quételet, directeur de l'Observatoire de Bruxelles. 1 vol. in-12, avec pl. gravées. Prix, br. 3 fr. 50 c.

Cours de dessin industriel, à l'usage des écoles élémentaires et des ouvriers. 1 vol. in-8°, avec un atlas de 34 planches in-f°, par Normand fils. Prix, br. 18 fr.

Cours élémentaire d'agriculture et d'économie rurale à l'usage des écoles primaires, par Raspail. 1 fort vol. in-18, avec planches gravées. Prix, br. 3 f. 75 c.

Cours méthodique de dessin linéaire, composé d'un cahier de 19 planches demi-jésus, et d'un Manuel de 11 feuilles in-8°, par M. Lamotte, inspecteur de l'instruction primaire. Prix, br. 5 fr.

Ouvrage adopté par le Conseil royal de l'instruction publique pour les écoles primaires.

Dessin (le) linéaire des demoiselles, avec les applications à l'ornement et à la composition, à la broderie, au dessin des schals, aux fleurs et au paysage. Ouvrage disposé pour l'enseignement des jeunes personnes élevées dans leurs familles ou dans des pensionnats ; avec une instruction pour l'application du dessin linéaire aux méthodes simultanée et mutuelle, par le même. 1 vol.

in 8° avec un atlas de douze planches demi-jésus, gravées sur cuivre. Prix, 6 fr.

Ouvrage approuvé et recommandé pour les écoles de filles par le Conseil royal de l'instruction publique.

ELEMENTS DE CRISTALLOGRAPHIE, par G. Rose, de Berlin, trad. de l'allemand par V. Regnault, élève ingénieur des mines. Paris, 1834, 1 vol. in-8°, avec un atlas de 20 planches. Prix, br., 6 fr.

ÉLÉMENTS DE GÉOMÉTRIE DESCRIPTIVE à l'usage des élèves qui se destinent à l'École polytechnique, aux écoles spéciales de Saint-Cyr et de la marine, et à l'école centrale des arts et manufactures, par E. Duchesne, professeur de mathématiques au collége de Vendôme. 2e édit., 1 vol. in-8° de 13 feuilles et un cahier d'épures in-4° gravées. Prix, br., 5 fr.

EXERCICES DE DESSIN LINÉAIRE, dessinés par Bouillon, architecte, avec un texte explicatif. 24 planches demi-jésus, gravées. Prix, 8 fr.

— *Les mêmes planches* lavées par Bouillon, pour servir de modèles. Chque planche, 9 fr.

EXPOSITION COMPLÈTE DU SYSTÈME MÉTRIQUE, par M. Michelot, ancien élève de l'Ecole polytechnique. Brochure in-8°. Prix, 50 c.

GÉOMÉTRIE ÉLÉMENTAIRE à l'usage des élèves qui suivent les cours préparatoires de mathématiques dans les colléges et les écoles primaires, par M. Vernier. 1 vol. in-12 avec planches gravées, 2e édition. Paris, 1835. Prix, br., 2 fr. 50 c.

— Cartonnée avec soin, 2 fr. 75 c.

NOTIONS ÉLÉMENTAIRES DE CHIMIE, par M. Alexandre Meissas, professeur au collége Henri IV. 1 vol. in-18, avec planches. Paris, 1835. Prix, br., 1 fr. 25 c.

NOTIONS ÉLÉMENTAIRES DE PHYSIQUE, par le même. Prix, br., 1 fr. 25 c.

NOTIONS ÉLÉMENTAIRES D'HISTOIRE NATURELLE, par M. Delafosse, aide-naturaliste au Jardin du Roi, et maître de conférences à l'Ecole normale. 3 vol. in-18, avec figures. Prix, br., 3 fr. 75 c.

La 1re partie seule, *Botanique*, 1 fr. 25 c.
La 2e partie seule, *Minéralogie*, 1 fr. 25 c.
La 3e partie seule, *Zoologie*, 1 fr. 25 c.

PHYSIQUE (petite) DU GLOBE, ou Explication des phénomènes qui se passent dans l'atmosphère et dans les parties solide et liquide du globe, par M. Saigey, ancien élève de l'Ecole normale. 2 vol. in-18. Paris, 1832. Prix, br., 2 fr. 50 c.

1re partie seule (*de l'atmosphère*), 252 pages. Prix, br., 1 fr. 25 c.
2e partie seule (*de la terre et de l'eau*). Prix, br., 1 fr. 25 c.

PRÉCIS D'HISTOIRE NATURELLE à l'usage des colléges et des maisons d'éducation, précédé de notions élémentaires de physique et de chimie, par M. Delafosse, aide-naturaliste au Jardin du Roi, et maître de conférences à l'Ecole normale. 2 vol. in-12 avec 48 planches gravées, 2e édit. Paris, 1833. Prix, br. 8 fr.

1re partie (*Minéralogie*). Prix, 4 fr.
2e partie (*Botanique et Zoologie*). Prix, 4 fr. 50 c.

Cet ouvrage a été adopté par le Conseil royal de l'instruction publi-

que pour l'enseignement de l'Histoire naturelle dans les collèges et les écoles normales primaires.

PRINCIPES DE TENUE DE LIVRES TRÈS SIMPLIFIÉE, en parties doubles et en partie simple, suivis d'un vocabulaire des mots les plus usités dans le commerce, par E. Cadrès Marmet. 1 vol. in-18 de 180 pages. Prix, br., 75 c.

PROBLÈMES D'ALGÈBRE ET EXERCICES DE CALCUL ALGÉBRIQUE, avec les solutions, par M. Ritt, ancien élève de l'école normale, inspecteur de l'instruction primaire du département de la Seine. 2 vol. in-8°. Prix, br., 3 fr. 50 c.

PROBLÈMES D'APPLICATION DE L'ALGÈBRE A LA GÉOMÉTRIE, avec les solutions développées, par le même. 2 vol. in-8°. Prix, br., 3 fr. 50 c.

PROBLÈMES D'ARITHMÉTIQUE ET EXERCICES DE CALCUL sur les questions ordinaires de la vie, sur la géométrie, la mécanique, l'astronomie, la géographie et la chimie, servant de complément à tous les traités élémentaires d'arithmétique, par M. Saigey, 1 vol. in-18, contenant près de 1500 problèmes. 2e édit., 1835. Prix, br., 75 c.

— *Les mêmes*, suivis des réponses. Prix, br., 1 fr. 20 c.

PROBLÈMES DE GÉOMÉTRIE avec des applications au dessin linéaire, à l'arpentage, à la division des terrains, etc., précédés d'une introduction sur la méthode à suivre pour la résolution des problèmes de géométrie, avec les solutions, par M. Ritt, 2 vol. in-8°. Prix, br., 3 fr. 50 c.

PROGRAMME D'UN COURS D'HISTOIRE NATURELLE dans les établissements d'instruction publique, par M. Delafosse, aide-naturaliste au Jardin du Roi, et maître de conférences à l'Ecole normale. Brochure in-12. Prix, 25 c.

QUESTIONS INÉDITES relatives aux examens de l'école polytechnique et de la marine, par E. Duchesne. 1 vol. in-8°. Prix, br., 3 fr. 50 c.

SYSTÈME LÉGAL DES POIDS ET MESURES, ouvrage destiné aux écoles d'enseignement primaire et aux colléges, par M. Lamotte. 1 vol. in-18. Prix, br. ou cart., 30 c.

TABLEAUX D'ARITHMÉTIQUE pour l'enseignement mutuel et l'enseignement simultané, par MM. Vernier et Lamotte. 60 feuilles couronne et un manuel contenant la matière des 60 tableaux. Prix, 5 fr.

TABLEAUX D'ARPENTAGE pour l'enseignement mutuel et l'enseignement simultané, par M. Lamotte. 8 feuilles demi-jésus, avec double impression, l'une en taille-douce et l'autre en caractères typographiques, et un manuel in-8°. Prix, 2 fr. 50 c.

TABLEAUX DE DESSIN LINÉAIRE, pour l'enseignement mutuel et l'enseignement simultané, par le même. 10 feuilles demi-jésus, avec double impression, l'une en taille-douce, et l'autre en caractères typographiques. Prix, 2 fr. 50 c.

TABLEAUX (NOUVEAUX) DE LECTURE MUSICALE ET DE CHANT ÉLÉMENTAIRE, par B. Wilhem, 95 feuilles couronne, avec le Guide de la méthode in-8°. Prix, 14 fr.,

TABLEAUX DE MUSIQUE appropriés à tous les modes d'enseignement, par L. Quicherat. 50 feuilles et un manuel in-12. Prix, 7 fr. 50

Tableaux du système légal des poids et mesures pour l'enseignement mutuel et l'enseignement simultané, par le même. 12 feuilles couronne collée. Prix, 1 fr. 50 c.

Tableaux du système métrique pour l'enseignement mutuel et l'enseignement simultané, par M. Michelot. 6 feuilles couronne collée. Prix, 1 fr.

Traité de la chaleur et de ses applications aux arts et manufactures, par E. Péclet, maître de conférences de physique à l'Ecole normale, et professeur de physique à l'Ecole centrale des arts et manufactures. 2 forts vol. in-8°, avec un atlas séparé, composé de 27 planches gravées en taille-douce. Prix, br., 21 fr.

Traité de la lumière, par J. F. N. Herschel, président de la société astronomique de Londres, traduit de l'anglais, avec notes, par MM. Verhulst, docteur ès sciences, et A. Quételet, directeur de l'Observatoire de Bruxelles. 2 forts vol. in-8°, avec 15 planches gravées. Paris, 1830 et 1833. Prix, br., 12 fr.

Traité élémentaire d'arpentage et du lavis des plans, suivi des règles pour la mesure des bois de construction et autres; par M. Lamotte, inspecteur de l'enseignement primaire. 1 vol. in-12, avec 8 planches gravées, dont 2 coloriées. Prix, 2 fr.

Traité élémentaire de chimie et d'application de cette science aux arts et aux manufactures, par M. Desmarest, ancien élève de l'Ecole polytechnique, 2e édition, augmentée d'une table de concordance entre les anciens et nouveaux noms, et des découvertes les plus récentes. 1 fort vol. in-12, avec planches gravées. Prix, br., 4 fr. 50 c.

Traité élémentaire de musique, contenant 180 exemples imprimés dans le texte *par les procédés de E. Duverger;* par L. Quicherat. Paris, 1832, 1 joli vol. in-12. Prix, br., 2 fr.

Traité élémentaire de physique, par E. Péclet, maître de conférences de physique à l'Ecole normale, et professeur de physique à l'école centrale de arts et manufactures, 2e édition. Paris, 1832, 2 forts vol. in-8°, formant 75 feuilles, plus 37 planches gravées. Prix, br., 12 fr.

Traité élémentaire de métrologie et de chronologie, contenant l'exposition des principaux systèmes de mesures, poids et monnaies, suivis par les Egyptiens, les Hébreux, les Grecs, les Asiatiques, les Romains, les Arabes, les Hindous et les Chinois; l'histoire du système français à toutes les époques de la monarchie; l'origine des mesures actuelles des divers peuples; l'établissement des nouveaux systèmes européens, et en particulier du système métrique; l'explication des calendriers, ou de la mesure du temps chez les anciens et les modernes, terminée par une table chronologique; enfin l'exposition des principaux systèmes de numération écrite. Ouvrage indispensable pour la lecture de l'histoire et l'explication des auteurs; destiné à l'enseignement public et rédigé d'après les documents les plus récents, par M. Saigey, ancien élève de l'Ecole normale. 1 vol. in-12, avec planches. Paris, 1834. Prix, br., 3 fr. 50 c.

SALLES D'ASILE POUR L'ENFANCE.

Premières Leçons
D'HISTOIRE NATURELLE;

PAR M. BATTELLE,
Rédacteur de L'AMI DE L'ENFANCE, Journal des Salles d'Asile.

ANIMAUX DOMESTIQUES. — 1re *PARTIE.*

PARIS,
LIBRAIRIE CLASSIQUE ET ÉLÉMENTAIRE DE L. HACHETTE,
ANCIEN ÉLÈVE DE L'ÉCOLE NORMALE,
RUE PIERRE-SARRAZIN, 12.

M. DCCC. XXXVI.

PREMIÈRES LEÇONS

D'HISTOIRE NATURELLE.

ANIMAUX DOMESTIQUES. — Ire *PARTIE.*

LA VACHE.

Les animaux qui se nourrissent d'herbe sont les meilleurs, les plus utiles et les plus précieux pour l'homme; le Cheval, le Bœuf, la Vache, le Mouton, sont de ce nombre. Le Bœuf est si fort, il a le cou si gros, les épaules si larges, le caractère si tranquille et si patient, qu'il semble avoir été fait tout exprès pour tirer la charrue; aussi l'emploie-t-on presque partout à défricher les terres, et, sous ce rapport surtout, on peut dire qu'il rend les plus grands services. C'est ordinairement dès l'âge de deux ou trois ans qu'on le façonne au labourage. Il ne se soumet pas au joug dès le premier jour; mais on l'y accoutume insensiblement par la patience, la douceur et les caresses : en le maltraîtant, loin d'en rien obtenir, on ne ferait que le décourager, et on le rendrait plus indocile. Sa marche est pesante, son pas est lent, mais il est égal, et il trace de profonds sillons. C'est avec son aide que le cultivateur creuse la terre pour y déposer le blé qui, un peu plus tard, doit germer, puis pousser une tige, et produire enfin une abondante moisson. Il transporte les grains, il traîne des chariots pesans; il fait, en un mot, ce que l'homme, avec toute son adresse et son intelligence, ne pourrait faire qu'avec beaucoup plus de peine et en beaucoup plus de temps.

Le Bœuf a le pied fourchu, c'est à dire séparé en deux parties par une fente. Il a sur la tête deux cornes, qui ont quelquefois jusqu'à deux pieds et demi de longueur; ces cornes grandissent à mesure que l'animal vieillit. Ses yeux sont gros et annoncent la bonté; ses naseaux sont bien ouverts; ses dents sont blanches et égales. Le *fanon*, c'est à dire la peau du devant de la poitrine, pend quelquefois jusque sur les genoux. Sa queue tombe jusqu'à terre; elle est garnie de poils fins, et touffus à l'extrémité. Il y a de ces animaux qui pèsent plus de deux mille livres : ils vivent ordinairement de quinze à seize ans.

Le Bœuf résiste bien à la fatigue, mais la grande chaleur l'incommode ainsi que le froid excessif; aussi, pendant l'été, on le mène au travail dès la pointe du jour; on le ramène à l'étable et on le laisse pâturer à l'ombre dans le milieu de la journée; dans les autres saisons, on l'utilise depuis huit ou neuf heures du matin jusqu'à cinq ou six heures du soir.

Ordinairement on ne fait travailler le Bœuf que jusqu'à l'âge de dix ans. A cette époque, on l'engraisse pour le vendre et pour le faire servir à la nourriture de l'homme. Sa chair, cuite dans l'eau, fournit un bouillon excellent; rôtie ou grillée, elle est délicieuse. On la prépare de diverses manières : on l'emploie fraîche ou on la sale; on la sèche et on la fume pour la conserver.

Quoique le Bœuf soit d'un naturel patient et d'un caractère tranquille, lorsqu'il s'épouvante ou qu'on l'effraie, il ne connaît plus rien; il court de toute sa vitesse, renverse tout ce qui se trouve sur son passage, et ne s'arrête que lorsqu'il est épuisé de fatigue : hors cette circonstance, il est tellement paisible, qu'une femme ou un enfant suffit pour en conduire un troupeau nombreux.

Les meilleurs Bœufs de France sont ceux d'Auvergne et de Basse-Normandie, parce qu'il y a dans ces provinces d'excellens pâturages : il y a aussi de très beaux Bœufs en Suisse, en Belgique et en Angleterre.

La Vache ressemble beaucoup au Bœuf; elle en a la docilité, l'instinct et les bonnes qualités. Quoiqu'elle soit beaucoup moins forte, on l'emploie aussi quelquefois à la charrue; mais elle est surtout précieuse à l'homme en ce qu'elle lui fournit du lait en abondance.

Le Bœuf et la Vache ne sont pas des animaux gourmands; ils ne prennent d'alimens qu'autant qu'il est nécessaire pour leurs besoins. En hiver, on les nourrit avec du foin, de la paille, un peu d'avoine et de son; en été, on les mène au pâturage; on leur donne de l'herbe fraîche, de la luzerne, du sainfoin, de la vesce, des lupins (espèce de pois sauvage) : ils mangent aussi des navets, de l'orge bouillie, des feuilles de frêne, d'orme, de chêne, qu'ils aiment beaucoup, mais qui leur sont nuisibles quand on leur en donne en trop grande quantité. Ils deviennent plus forts quand on les nourrit de foin sec que quand on ne leur donne que de l'herbe. Ils aiment beaucoup le vin, le vinaigre, le sel; ils dévorent avec avidité une salade assaisonnée. Ces animaux mangent vite, et prennent en peu de temps toute la nourriture qu'il leur faut; après quoi, ils cessent de manger, et se couchent pour ruminer, c'est à dire pour digérer et faire passer les alimens par leurs quatre estomacs. Ils se couchent ordinairement sur le côté gauche.

On peut les engraisser en toute saison; mais l'été est celle qu'on préfère, parce qu'à cette époque on a plus de moyens de leur donner des nourritures succulentes et en abondance. Lorsqu'on veut les engraisser, on cesse de les faire travailler; on mêle un peu de sel à leurs alimens, parce que le sel les fait boire, et excite leur appétit; on les laisse ruminer et dormir. à l'étable pendant les grandes chaleurs; et, au bout de quatre ou cinq mois, ils deviennent tellement gros, qu'ils ont de la peine à marcher.

Quelque bien engraissée que soit la Vache, sa chair est toujours sèche et moins estimée que celle du Bœuf; cependant on en fait aussi une grande consommation.

On a remarqué que ces animaux avaient l'habitude de se lécher, surtout pendant qu'ils sont en repos; et, comme cela les empêche d'engraisser, on a soin de frotter de leur fiente tous les endroits de leur corps auxquels ils peuvent atteindre. Lorsqu'on ne prend pas cette précaution, ils s'enlèvent le poil avec leur langue, qui est fort rude, et ils avalent ce poil en grande quantité. Comme ils ne peuvent le digérer, il finit par former des pelotes rondes, si grosses, qu'elles les incommodent, et nuisent à leur santé : on a trouvé de ces pelotes qui avaient quatre pouces de diamètre, et qui pesaient plus d'une demi-livre.

Les Vaches blanches sont celles qui donnent le plus de lait; les noires sont celles qui le donnent meilleur. On trait la Vache deux fois par jour en été, et une fois seulement en hiver. Pour augmenter la quantité de son lait, on la nourrit avec des alimens plus succulens que l'herbe.

Tout le monde sait de quelle utilité est le lait pour les besoins de l'homme : on en fait usage de diverses manières. Le bon lait n'est ni trop épais ni trop clair; lorsqu'on en prend une goutte, elle doit conserver sa rondeur sans couler; il doit être aussi d'un beau blanc; celui qui tire sur le jaune ou sur le bleu ne vaut rien : sa saveur doit être douce, sans aucune amertume ni âcreté. C'est un breuvage sain, nourrissant, et agréable au goût; il est meilleur au mois de mai, et pendant l'été que dans l'hiver. Le lait se compose de trois parties bien distinctes : 1° la partie qui sert à faire des fromages de toute espèce; 2° celle avec laquelle on fait le beurre; 3° celle qu'on appelle le petit-lait, qui est une boisson saine et rafraîchissante.

Pour faire le beurre, on écrème ordinairement avec une coquille le lait après qu'il a été reposé; on verse cette crême dans une espèce de tonneau large par le bas et étroit du haut, et on la bat avec un bâton, au bout duquel on a adapté une planche de la largeur de l'entrée du tonneau; on l'agite jusqu'à ce qu'elle soit changée en une substance jaunâtre, qui est le beurre : le beurre surnage, et laisse au fond un résidu, qu'on appelle *lait de beurre*, avec lequel on nourrit les bestiaux.

Pour faire le fromage, on se sert d'une espèce de levain, qu'on nomme *présure*, qui se trouve dans l'estomac du veau, et qu'on fait sécher à l'air; on jette cette présure dans le lait dont on veut faire du fromage; on le met ensuite dans des formes, pour en égoutter le petit-lait, et le fromage se trouve fait le lendemain. Moins le lait a été écrémé, plus le fromage a de qualité. Le fromage de *Brie* se fait dans le département de Seine-et-Marne; le fromage de *Marolles* dans le département du Nord; le fromage de *Gruyère* se fait surtout en Suisse; on en fabrique aussi dans le département du Doubs. Il y a encore divers autres fromages estimés, comme celui de *Hollande*, le fromage de *Roquefort*, le fromage du *Mont-d'Or*, le fromage anglais de *Chester*, etc.

Le petit de la Vache s'appelle Veau : elle n'en a ordinairement qu'un à la fois, mais quelquefois deux. On laisse le veau auprès de sa mère pendant les cinq ou six premiers jours de sa naissance, afin qu'il soit toujours chaudement, et qu'il puisse téter aussi souvent qu'il en a besoin. Au bout de ce temps, on le sépare, parce qu'il est assez fort, et que, d'ailleurs, il épuiserait sa mère, s'il était toujours auprès d'elle. Il suffit alors de le faire téter deux ou trois fois par jour.

Pour l'engraisser promptement, on lui donne des œufs crus, du lait bouilli et de la mie de pain ; au bout de quatre ou cinq semaines, il est très bon à manger. On les laisse téter trente à quarante jours, lorsqu'on veut les vendre aux bouchers; mais, si on veut les élever, il faut les faire téter trois ou quatre mois. La chair de cet animal est d'un fort bon goût : c'est une nourriture saine et excellente : sa peau s'emploie à faire des chaussures.

Pour tuer un Bœuf ou une Vache, on attache une corde autour des cornes de l'animal, on la passe dans un anneau fixé et scellé dans une pierre, on tire sur cette corde; et, lorsque l'animal a la tête presque contre terre, on le frappe au milieu du front avec une lourde massue, et presque toujours il tombe mort du premier ou du second coup.

Les dépouilles du Bœuf et de la Vache sont aussi utiles que leur chair : leur peau, tannée et corroyée, devient le cuir que les cordonniers et les bottiers emploient pour les chaussures. La corne, sciée, tournée, ou fondue, sert à fabriquer des boîtes, des tabatières, des peignes, des cornets, des encriers, des manches de couteau, et mille autres ouvrages. Le fiel sert pour blanchir et dégraisser les étoffes, pour ôter les taches des habits; les peintres en font usage pour nettoyer leurs tableaux. Avec le pied de Bœuf ou de Vache, on fait de très bonne huile à brûler. Les pieds, les tendons, les rognures de la peau, bouillis ensemble, font de la colle-forte. Une partie des intestins se mange; enfin, les excrémens sont un excellent engrais pour les terres; dans les campagnes, on les fait aussi sécher, et on s'en sert pour le chauffage.

QUESTIONNAIRE.

Quels sont les animaux les meilleurs et les plus utiles à l'homme? — Le Bœuf est-il fort? — Que savez-vous de son cou et de ses épaules? — Quel est son caractère? — Qu'est-ce qu'un caractère patient? — Qu'est-ce qu'une charrue? — A quoi emploie-t-on le Bœuf? — Qu'est-ce que défricher les terres? — Le Bœuf rend-il de grands services? — A quel âge le met-on à la charrue? — Qu'est-ce qu'un joug? — Le Bœuf s'y soumet-il facilement? — Comment s'y prend-on pour l'y accoutumer? — Qu'arrive-t-il lorsqu'on le maltraite? — Que savez-vous de sa marche? — Son pas est-il léger? — Qu'est-ce qu'un sillon? — Pourquoi lui fait-on creuser la terre? — Que dépose-t-on dans les sillons? — Que devient d'abord le blé lorsqu'il a été semé? — Que produit-il? — Qu'est-ce qu'une tige? — Qu'est-ce qu'un épi? — Qu'est-ce qu'une moisson? — Que veut dire une moisson abondante? — Le laboureur sème le blé; mais qui le fait pousser? — Que fait-on avec le blé? — Que fait-on avec la farine? — Le Bœuf est-il propre à traîner des chariots? — L'homme, qui est si adroit, ne pourrait-il pas les traîner aussi? — Pourquoi ne le peut-il pas? — Quelle est la forme du pied du Bœuf? — Que remarquez-vous sur sa tête? — Ses cornes sont-elles longues? — Restent-elles toujours de la même longueur? — Que direz-vous de ses yeux, de ses naseaux et de ses dents? — Qu'est-ce que le *fanon* du Bœuf? — Jusqu'où descend-il? — Sa queue est-elle longue? — De quoi est-elle garnie? — Quel est le poids de certains Bœufs? — Combien de temps vivent-ils? — Le Bœuf résiste-t-il à la fatigue? — Aime-t-il le grand froid et la grande chaleur? — A quelle heure le mène-t-on au travail en été? — Que lui fait-on faire pendant la chaleur du jour? — A quelles heures travaille-t-il dans les autres saisons? — Quelles sont ces saisons? — Jusqu'à quel âge le fait-on travailler? — Qu'en fait-on ensuite? — A qui le vend-on? — Sa chair est-elle bonne à manger? — La prépare-t-on de plusieurs manières? — Comment s'y prend-on pour la conserver? — Que fait le Bœuf lorsqu'on l'effraie? — Ordinairement est-il facile à conduire? — Quels sont les meilleurs Bœufs de France? — Pourquoi ceux que vous citez sont-ils les meilleurs? — Pourquoi les bons pâturages font-ils les bons Bœufs? — Qu'est-ce qu'un pâturage? — Connaissez-vous d'autres pays où il y ait aussi de bons Bœufs? — La Vache ressemble-t-elle au Bœuf? — A-t-elle les mêmes qualités? — Est-elle aussi forte? — Traîne-t-elle aussi la charrue? — En quoi est-elle surtout utile? — Le Bœuf et la Vache sont-ils des animaux gourmands? — Prennent-ils des alimens au delà de leurs besoins? — Comment les nourrit-on en hiver? — Qu'est-ce que du foin, de la paille, de l'avoine, du son? — Comment les nourrit-on en été? — Qu'est-ce que de la luzerne, du sainfoin, de la vesce, des lupins? — Que mangent-ils encore? — Quelle est la nourriture qui les rend plus forts? — Mangent-ils vite? — Que font-ils quand ils ont mangé? — Qu'est-ce que ruminer? — Qu'est-ce que digérer? — Combien ces animaux ont-ils d'estomacs? — Sur quel côté se couchent-ils le plus ordinairement? — Peut-on les engraisser en toute saison? — Quelle est la saison préférable? — Pourquoi préfère-t-on l'été? — Pourquoi les engraisse-t-on? — Que doit-on faire lorsqu'on veut les engraisser? — Comment les nourrit-on? — Que mêle-t-on à leurs alimens? — Pourquoi y mêle-t-on du sel? — Où place-t-on les bestiaux pendant les grandes chaleurs? — En combien de temps parvient-on à les engraisser? — Quelle est la nature de la chair de la Vache? — Est-elle préférable à celle du Bœuf? — En fait-on une grande consommation? — Connaissez-vous une des habitudes de ces animaux pendant qu'ils sont en repos? — Quels en sont les effets? — Comment s'y prend-on pour les empêcher de se lécher? — Comment peuvent-ils s'enlever le poil avec leur langue? — Que devient ce poil dans l'estomac? — Sa présence nuit-elle à leur santé? — Forme-t-il des pelotes de quelque grosseur? — Quelles sont les Vaches qui donnent le plus de lait? — Quelles sont celles qui le donnent meilleur? — Combien de fois trait-on les Vaches chaque jour? — A-t-on coutume de les traire aussi souvent en hiver qu'en été? — Pourquoi cette différence? — Qu'est-ce que traire une Vache? — Comment augmente-t-on la qualité de son lait? — Le lait de la Vache est-il utile à l'homme? — En fait-on usage de plusieurs manières? — De quelle nature doit être le bon lait? — Comment le reconnaît-on? — Quelles doivent être sa couleur et sa saveur? — Quelles sont les qualités de ce breuvage? — A quelle époque de l'année est-il le meilleur? — De combien de parties se compose-t-il? — Que fait-on avec le lait? — Qu'est-ce que le petit-lait? — Comment fait-on le beurre? — Comment appelle-t-on le résidu du beurre? — Qu'en fait-on? — Comment fait-on le fromage? — Qu'est-ce que la présure? — Où la trouve-t-on? — Comment s'en sert-on? — Savez-vous les noms de quelques espèces de fromage? — Citez-les. — Comment s'appelle le petit de la Vache? — Combien a-t-elle ordinairement de petits à la fois? — Pendant combien de jours laisse-t-on le jeune Veau à côté de sa mère? — Qu'en fait-on ensuite? — Combien de fois le fait-on téter par jour? — Que lui donne-t-on pour l'engraisser? — En quel espace de temps devient-il bon à manger? — Que fait-on lorsqu'on le destine à être vendu au boucher? — Que fait-on quand on veut l'élever? — Sa chair est-elle bonne à manger? — A quoi sert sa peau? — Comment s'y prend-on pour tuer un Bœuf? — Où le frappe-t-on, et avec quel instrument? — La dépouille du Bœuf et de la Vache est-elle utile? — Que fait-on de leur peau? — A quoi emploie-t-on leurs cornes? — Qu'est-ce que leur fiel? — Quel usage en fait-on? — Quel parti tire-t-on des pieds? — Que fait-on des tendons et des rognures? — Les intestins se mangent-ils? — A quoi servent les excrémens?

LE MOUTON.

De tous les animaux que l'homme a su faire servir à son usage, le plus doux, le plus timide, le plus stupide, c'est le Mouton.

En général, la plupart des animaux prévoient le danger; ils l'évitent ou tâchent de s'y soustraire. Il n'en est pas ainsi du Mouton. Quand ces animaux sont réunis en troupeaux, le moindre bruit les épouvante, et ils expriment la crainte qu'ils éprouvent en se précipitant, en se serrant les uns contre les autres; mais ils restent à peu près immobiles dans cette situation, sans chercher à fuir le danger qui les menace.

Lorsqu'ils sont exposés à la pluie ou à la neige, ils ne paraissent pas comprendre l'incommodité de leur position; ils demeurent où ils se trouvent, et, pour qu'ils changent de place, il faut que le berger les y force. Ce qui prouve encore la timidité et l'imbécillité de cet animal, c'est qu'il se laisse enlever son petit sans résister, sans témoigner de colère et sans marquer sa douleur par un cri différent de son bêlement ordinaire.

Les Chèvres, qui ressemblent au Mouton sous tant de rapports, ont beaucoup plus d'esprit et de sentiment; elles savent, du moins, se conduire; elles évitent les dangers. Quand elles éprouvent quelques craintes vives, elles viennent à l'homme, elles se familiarisent avec lui, tandis que la Brebis ne sait ni fuir ni s'approcher. On ne peut pourtant pas dire que cet animal soit dépourvu de tout instinct, puisqu'on remarque tous les jours qu'un jeune Agneau cherche et parvient à reconnaître sa mère au milieu d'un nombreux troupeau.

Les Moutons ont le pied fourchu. Ils sont d'un tempérament très faible; ils ne peuvent marcher long-temps : les voyages les affaiblissent. Dès qu'ils courent, ils sont bientôt essoufflés et rendus.

La grande chaleur, l'ardeur du soleil les incommodent autant que l'humidité, le froid et la neige. Ils sont sujets à un grand nombre de maladies, dont la plupart sont contagieuses; l'excès de la graisse les fait quelquefois mourir.

Pour élever des Moutons, on en réunit un certain nombre et on les place sous la conduite d'un berger. Le berger les mène aux champs, choisit l'endroit le plus propice pour le pâturage, les transporte ailleurs, lorsqu'il le juge convenable, pour qu'ils y trouvent une nourriture plus abondante, ou un refuge contre la pluie, ou un abri contre le soleil. Il tient ordinairement à la main une *houlette*, dont il se sert pour jeter des mottes de terre aux Moutons qui s'éloignent, et pour les faire revenir. Il est toujours accompagné d'un ou plusieurs Chiens, d'une espèce particulière, qu'on appelle *Chiens de berger*, et qui sont doués d'un instinct remarquable pour la garde des troupeaux. C'est une chose infiniment curieuse que de voir l'intelligence et l'activité de ces animaux; ils ont continuellement les yeux fixés sur leur maître; ils lisent dans ses regards; au moindre mot, au moindre signe, ils courent, ils s'arrêtent, ils viennent se ranger derrière le berger ; ils exécutent ses ordres, en se précipitant à la tête ou à la queue du troupeau, pour arrêter ou pour activer la marche; ils se jettent sur les Brebis qui s'éloignent, poursuivent celles qui sont en retard, et les mordent assez vivement pour leur faire rejoindre le troupeau.

Sans l'aide de ces intelligens animaux, il serait bien difficile au berger de conduire le troupeau. Le Chien est si actif, si zélé, si rempli d'instinct, qu'il sait, de lui-même, les Moutons qu'il doit surveiller ; qu'il ne leur permet pas de commettre de dégâts dans les terres ensemencées, et qu'en un mot, lorsqu'il est convenablement dressé, il devine si bien de lui-même tout ce qu'il a à faire, que le maître n'a presque rien à lui prescrire.

Le petit de la Brebis s'appelle *Agneau* : c'est un joli petit animal, dont la vue plaît toujours à l'enfance. Il est si doux, si paisible, que les enfans s'approchent de lui avec empressement et le caressent sans la moindre crainte. C'est à raison de ses qualités que, pour exprimer la douceur d'un enfant, on dit souvent : il est doux comme un Agneau.

Les Agneaux tètent ordinairement leur mère pendant six semaines ou deux mois. Lorsqu'ils ont pris assez de force et qu'ils commencent à bondir, on les laisse suivre leur mère aux champs. La chair de l'Agneau est assez délicate. On livre au boucher ceux qui naissent faibles, et on ne garde, pour les élever, que les plus gros, les plus vigoureux et ceux qui sont le plus chargés de laine.

La Brebis a du lait pendant sept ou huit mois, et en grande abondance. Ce lait est une assez bonne nourriture pour les enfans et pour les gens de la campagne. On en fait aussi de fort bons fromages, surtout en le mêlant avec le lait de la Vache.

Parmi les personnes qui se nourrissent de la chair du Mouton, qui sont couvertes de vêtemens faits avec sa laine, il en est un grand nombre qui ne se doutent pas de tous les soins qu'exige l'éducation de cet animal. Nous allons essayer d'en donner une idée.

Pendant l'hiver, on nourrit les Moutons à l'étable. On leur donne du son, des navets, du foin, de la paille, de la luzerne, du sainfoin, des feuilles d'orme, de frêne, etc. On les fait, cependant, sortir tous les jours, à moins que le temps ne soit trop mauvais ; mais c'est plutôt pour les promener que pour les nourrir. Dans cette mauvaise saison, on ne les conduit aux champs que vers les dix heures du matin, et on les ramène à l'étable vers les trois heures après midi. Au printemps et en automne, au contraire, on les fait sortir aussitôt que le soleil a dissipé la gelée ou l'humidité, et on ne les ramène qu'au soleil couchant; mais on leur donne aussi du fourrage à l'étable : ce n'est que pendant l'été qu'ils prennent aux champs toute leur nourriture. On les fait sortir de grand matin ; on attend que la rosée soit tombée pour les laisser paître pendant quatre ou cinq heures ; ensuite on les fait boire et on les ramène à la bergerie ou dans quelque autre endroit à l'ombre. Sur les trois ou quatre heures du soir, lorsque la grande chaleur commence à diminuer, on les mène paître une seconde fois jusqu'à la fin du jour. Quelquefois même on les laisse passer la nuit aux champs et ils en deviennent plus vigoureux.

On les conduit de préférence dans les terrains secs, dans les lieux élevés où l'on trouve en abondance du serpolet et d'autres herbes odoriférantes; la chair du Mouton, ainsi nourri, est de bien meilleure qualité que lorsqu'on le mène paître dans les plaines basses et dans les endroits humides; mais elle n'est nulle part aussi bonne que dans les pâturages voisins de la mer, parce que toutes les herbes y sont salées et que rien n'est plus salutaire aux Moutons que le sel, lorsqu'il leur est donné modérément. Le sel flatte leur appétit, les excite à boire, et les fait promptement engraisser. Dans beaucoup d'endroits, on en met un sac dans la bergerie, ou bien une pierre salée qu'ils vont tous lécher tour à tour.

On coupe la laine des Moutons une fois par an, en ayant soin de les bien laver d'avance, afin de rendre la laine aussi propre qu'elle peut l'être; mais on leur en laisse une certaine partie, afin de les garantir du froid. C'est avec cette laine qu'on fait les vêtemens dont nous nous couvrons. On en fait aussi des bas, des couvertures, des tapis; en un mot, on l'emploie à une infinité d'usages. Des diverses espèces de laine, la blanche est la plus estimée, parce qu'on peut la teindre de toutes les couleurs.

C'est avec la graisse du Mouton qu'on fait le suif dont on fabrique la chandelle.

On tire encore des Moutons un avantage considérable en les laissant séjourner sur les terres qu'on veut rendre plus productives. Le fumier, l'urine et la chaleur du corps de ces animaux forment un engrais qui ranime en peu de temps les terres qui avaient cessé d'être fertiles.

Enfin, la chair du Mouton est une nourriture très estimée. Sa peau, garnie de poils, est une fourrure très chaude ; tannée, on l'emploie, sous le nom de basane, à relier des livres, à couvrir des meubles, à faire des pantoufles et à beaucoup d'autres usages.

On voit, par là, que le Mouton, quoique dépourvu de sentiment, quoique dénué des qualités qui distinguent les autres animaux, rend cependant de grands services à l'homme. A lui seul il peut suffire aux besoins de première nécessité : il fournit à la fois de quoi se nourrir et se vêtir. Si l'on ajoute à cela tous les avantages particuliers que l'on tire de son suif, de son lait, de sa peau et de son fumier, on reconnaîtra que cet animal doit être placé au premier rang parmi les animaux utiles.

L'espèce des Moutons est extrêmement variée, suivant les pays. En France, ils ont ordinairement trois pieds de longueur et un pied neuf pouces de hauteur. Ils sont blancs, bruns, noirs ou tachés; mais les blancs sont les plus nombreux, et ce sont ceux qu'on s'attache le plus à élever, parce que la laine blanche est la plus estimée.

Le Mouton, étant dépourvu de courage et de moyens de défense, a absolument besoin de la protection de l'homme pour subsister. Si on laissait errer, dans la campagne, les troupeaux livrés à eux-mêmes, ils seraient bientôt devenus la proie des animaux carnassiers qui s'attachent sans cesse à leur poursuite et qui en feraient une proie facile.

QUESTIONNAIRE.

Que représente cette gravure? — Quel est le caractère du Mouton? — Qu'entendez-vous par ces mots *doux*, *timide* et *stupide*? — Qu'est-ce qu'un danger? — Qu'est-ce que prévoir le danger? — Le Mouton sait-il prévoir le danger? — Que font les Moutons lorsqu'ils ont peur? — Avez-vous quelque preuve de la timidité et de l'imbécillité du Mouton? — Fait-il quelque résistance lorsqu'on lui enlève son petit? — En témoigne-t-il quelque douleur? — Comment appelle-t-on le cri du

Mouton? — Quelle différence remarque-t-on entre la Chèvre et le Mouton? — Le Mouton est-il absolument dépourvu d'instinct? — A quel signe reconnaît-on qu'il en a quelque peu? — Comment les Moutons ont-ils le pied conformé? — Que veut dire le mot *fourchu*? — Quel est leur tempérament? — Peuvent-ils marcher long-temps? — Courent-ils avec facilité? — La grande chaleur les incommode-t-elle? — L'humidité leur est-elle contraire? — Sont-ils sujets à beaucoup de maladies? — L'excès de la graisse leur est-il funeste? — Qu'est-ce qu'un troupeau? — A qui confie-t-on la conduite des troupeaux? — A quoi sert le berger? — Que porte-t-il ordinairement à la main? — Qu'est-ce qu'une houlette? — A quoi sert-elle? — Le berger garde-t-il à lui seul le troupeau? — Qu'est-ce que les Chiens de berger ont de remarquable? — Comment exécutent-ils les ordres de leur maître. — Comment obligent-ils les Brebis qui s'écartent à rejoindre le troupeau? — Le Berger pourrait-il conduire le troupeau sans l'aide des Chiens? — Qu'est-ce que l'instinct? — Savez-vous quelque preuve de l'instinct du Chien de berger? — Comment s'appellent les petits Moutons lorsqu'ils sont tout jeunes? — L'Agneau est-il un joli animal? — Quel est son caractère? — Peut-on s'en approcher et le caresser sans crainte? — De quelle comparaison se sert-on pour exprimer la douceur d'un enfant? — Pendant combien de temps les Agneaux tètent-ils leur mère? — A quelle époque les laisse-t-on aller aux champs? — Quelle est la qualité de la chair de l'Agneau? — Quels sont ceux qu'on livre au boucher? — Qu'est-ce qu'un boucher? — Pendant combien de temps la Brebis a-t-elle du lait? — Quelle est la qualité de ce lait? — Qu'en fait-on? — Qu'est-ce que le fromage? — Qu'est-ce qu'une étable? — Qu'est-ce qu'une bergerie? — Quelle différence y a-t-il entre une étable et une écurie? — Comment nourrit-on les Moutons pendant l'hiver? — Qu'est-ce que du son, des navets, du foin, de la paille, de la luzerne, du sainfoin, des feuilles d'orme, de frêne? — A quelle heure les conduit-on aux champs pendant la mauvaise saison, et à quelle heure les en ramène-t-on? — Pourquoi les fait-on sortir? — Pourquoi appelle-t-on l'hiver la mauvaise saison? — Combien y a-t-il de saisons? — Quelles sont-elles? — A quelle heure fait-on sortir les troupeaux au printemps et en automne, et à quel moment les ramène-t-on? — A quelle heure les fait-on sortir en été? — Que fait-on pendant la grande chaleur du soleil? — Leur laisse-t-on quelquefois passer la nuit aux champs? — S'en trouvent-ils bien? — Dans quel terrain convient-il de les conduire? — Quelles espèces d'herbes préfèrent-ils? — Qu'est-ce que du serpolet? — Qu'est-ce que des herbes odoriférantes? — Les plaines basses et les endroits humides conviennent-ils aux troupeaux? — Quels sont les meilleurs pâturages pour les Moutons? — Aiment-ils le sel? — Leur est-il salutaire? — Pourquoi leur en donne-t-on? — Combien de fois par an coupe-t-on la laine des Moutons? — Quelles précautions prend-on avant de les tondre? — N'ont-ils pas froid lorsqu'ils sont privés de leur laine? — Que fait-on avec cette laine? — Quelle est l'espèce de laine la plus estimée et pourquoi? — Que fait-on avec la graisse du Mouton? — Quel avantage tire-t-on encore des Moutons en les laissant séjourner sur les terres? — Qu'est-ce qu'une terre fertile? — Qu'est-ce qu'une terre épuisée? — Qu'est-ce qu'un engrais? — La chair du Mouton est-elle une bonne nourriture? — Savez-vous ce que c'est qu'un gigot? — A quoi utilise-t-on la peau du Mouton? — Qu'est-ce que la basane? — Trouvez-vous que le Mouton soit un animal utile à l'homme? — En quoi consiste son utilité? — Y a-t-il plusieurs espèces de Moutons? — En France, quelles sont ordinairement leur longueur et leur hauteur? — Y en a-t-il de plusieurs couleurs? — Quels sont les plus nombreux? — Pourquoi élève-t-on de préférence les Moutons blancs? — Le Mouton a-t-il besoin de la protection de l'homme pour subsister? — Que deviendraient les troupeaux de Moutons si on les laissait errer seuls dans la campagne? — Quels sont les animaux carnassiers qui attaquent surtout les Moutons? — Qui protège et défend les Moutons contre la voracité des Loups?

LA CHÈVRE.

La Chèvre a quelque ressemblance avec la Brebis, sous le rapport de la longueur et de la hauteur du corps; la conformation des parties intérieures est aussi presque entièrement semblable; les maladies qu'elle éprouve sont à peu près les mêmes; elle se nourrit de la même manière; mais il y a aussi, entre ces deux animaux, de nombreuses différences. La Chèvre est couverte de poils et non de laine; elle a les cornes longues, noueuses, renversées en arrière, une longue touffe de barbe sous le menton, la queue courte et le corps maigre. Elle a aussi plus d'intelligence que la Brebis; elle est plus forte, plus légère, plus agile et moins timide; elle ne craint pas, comme la Brebis, la trop grande chaleur; elle dort au soleil, et reste exposée à ses rayons les plus vifs sans en être incommodée; elle n'a pas peur des orages; elle ne craint pas la pluie, mais elle est très sensible à la rigueur du froid; elle vient à l'homme volontiers; elle se familiarise aisément; elle est sensible aux caresses, et capable d'attachement. Comme elle aime à s'écarter dans les solitudes, à grimper sur les lieux escarpés, à se placer, et même à dormir, sur la pointe des rochers et sur le bord des précipices, elle est assez difficile à conduire. C'est avec peine qu'on en forme des troupeaux, et il est presque impossible à un seul homme de diriger plus de cinquante de ces animaux réunis; elle est d'un naturel très capricieux, et on le voit par toutes ses actions; elle marche, elle s'arrête, elle court, elle bondit, elle saute, s'approche ou s'éloigne, se montre, se cache ou fuit, sans autre cause que celle de la vivacité inconstante de son caractère. Il faut voir toute la pétulance et la rapidité de ses mouvemens pour bien juger de sa force et de sa souplesse.

Quelquefois on les conduit avec les Moutons; mais elles ne restent jamais à la suite, elles se placent toujours à la tête du troupeau. Comme elles n'aiment pas les plaines, il vaut mieux les mener paître séparément sur les montagnes et les collines. On les fait sortir de grand matin pour les mener aux champs; l'herbe couverte de rosée, qui n'est pas bonne pour les Moutons, fait beaucoup de bien aux Chèvres; elles sont si peu difficiles sur les alimens, qu'elles trouvent presque partout une nourriture suffisante. On ne les laisse pas sortir dans les temps de neige, car le froid et l'humidité leur sont contraires; on les retient à l'étable pendant l'hiver, et on les nourrit d'herbes, de petites branches d'arbre cueillies en automne, ou de choux, de navets et d'autres légumes. On a soin de les éloigner des endroits cultivés, de les empêcher d'entrer dans les blés, dans les bois et dans les vignes, parce qu'elles y font de grands dégâts. Les arbres, dont elles broutent les jeunes pousses, et les écorces tendres, périssent presque toujours; elles atteignent aux branches en se redressant sur les pieds de derrière.

Les Chèvres coûtent fort peu à nourrir : on ne leur donne du foin que quand elles ont des petits, et elles n'en ont ordinairement qu'un, quelquefois deux, mais jamais plus de quatre. On les appelle *Chevreaux, Cabris* ou *Biquets :* ce sont de jolis petits animaux : la mère les allaite pendant un mois ou cinq semaines. Plus elle mange, et plus son lait augmente : pour entretenir cette abondance de lait, on la fait beaucoup boire, et on lui donne quelquefois du salpêtre ou de l'eau salée. On trait les Chèvres soir et matin, et elles donnent du lait en abondance pendant quatre ou cinq mois. On évalue à quatre pintes la quantité qu'elles peuvent en fournir par jour. Elles se laissent téter aisément, même par les enfans, pour lesquels leur lait est une excellente nourriture : il est plus sain et meilleur que celui de la Brebis, moins épais que celui de la Vache, et un peu plus que celui de l'Anesse. Il donne de l'embonpoint aux personnes maigres, et rétablit les estomacs délicats: on en fait de très bon fromages.

La plupart des Chèvres ont des cornes, mais quelques unes n'en ont pas : on dit que ces dernières sont celles qui donnent le plus de lait. La couleur de ces animaux varie beaucoup; il y en a de blanches, de noires, de fauves et de plusieurs autres couleurs; les noires passent pour les plus robustes de toutes.

La chair des jeunes Chevreaux est tendre et assez succulente; on les engraisse de la même manière que les Moutons; mais, quelque soin qu'on prenne, et quelque nourriture qu'on leur donne, leur chair n'est jamais aussi bonne que celle du Mouton.

Les Chèvres craignent les lieux humides et les prairies marécageuses. On en élève rarement dans les pays de plaines; elles s'y portent mal, et leur chair est de mauvaise qualité. Dans la plupart des climats chauds, l'on nourrit des Chèvres en grand nombre, et on ne leur donne point d'étable; en France, elles périraient, si on ne les mettait pas à l'abri pendant l'hiver. Comme la Chèvre craint l'humidité, il faut nettoyer soigneusement son étable, ne jamais la laisser coucher sur son fumier, et lui donner tous les jours de la litière fraîche.

La Chèvre a quatre estomacs, et elle rumine comme le Bœuf; elle a une grande aversion pour la salive et pour l'haleine de l'homme : ainsi, quand on lui donne du son, du pain, ou quelque autre nourriture, il faut éviter de souffler dessus, car elle ne voudrait pas y toucher, à moins qu'elle ne fût extrêmement pressée par la faim.

Le lait de la Chèvre est un breuvage excellent; sa chair se mange; sa peau, quand elle est tannée, est un cuir très estimé; avec son poil, on fabrique des étoffes recherchées; on tire aussi parti de son suif. C'est donc un animal extrêmement utile à l'homme.

QUESTIONNAIRE.

A quel animal ressemble la Chèvre? — En quoi consiste cette ressemblance? — Quelles sont les différences? — La Chèvre est-elle couverte de laine comme le Mouton? — Que remarque-t-on sur sa tête?

— De quelle nature sont ses cornes? — Que porte-t-elle sous le menton? — Comment a-t-elle la queue et le corps? — A-t-elle autant d'intelligence que la Brebis? — Est-elle aussi forte et aussi légère? — Est-elle aussi agile et aussi timide? — Redoute-t-elle la chaleur? — A-t-elle peur de l'orage? — Craint-elle la pluie? — Est-elle sensible au froid? — Se familiarise-t-elle aisément? — Est-elle capable d'attachement? — Aime-t-elle à s'écarter dans les solitudes? — Quels sont les lieux où elle se plaît le plus? — Qu'est-ce qu'une solitude? — Qu'est-ce qu'un précipice? — Qu'est-ce qu'un endroit escarpé? — Est-elle aisée à conduire? — Pourquoi est-il difficile d'en former des troupeaux? — Pour quel motif? — Combien un seul homme peut-il conduire de ces animaux? — Quel est le naturel de la Chèvre? — Comment reconnaît-on qu'elle est capricieuse? — Comment juge-t-on de sa force et de sa souplesse? — Marche-t-elle quelquefois avec les Moutons? — Où se place-t-elle dans les troupeaux? — Aime-t-elle les plaines? — Où convient-il de la mener paître? — Qu'est-ce qu'une montagne? — Qu'est-ce qu'une colline? — A quelle époque de la journée mène-t-on les Chèvres aux champs? — L'herbe couverte de rosée leur fait-elle du bien? — Sont-elles difficiles sur les alimens? — Le froid et l'humidité leur sont-ils contraires? — Qu'en fait-on pendant l'hiver? — De quoi les nourrit-on? — Quels sont les endroits dont on leur interdit d'approcher, et pour quel motif? — Font-elles du tort aux arbres en mangeant leurs feuilles et leur écorce? — Comment s'y prennent-elles pour atteindre aux branches? — Coûtent-elles cher à nourrir? — Que leur donne-t-on quand elles ont des petits? — Combien en ont-elles ordinairement? — Comment appelle-t-on ces petits? — Pendant combien de temps la mère les allaite-t-elle? — Par quels moyens augmente-t-on la quantité de son lait? — Combien de fois la trait-on par jour? — Pendant combien de temps donne-t-elle du lait? — Quelle quantité en donne-t-elle? — Se laisse-t-elle téter aisément? — Son lait est-il meilleur que celui de la Brebis? — Est-il plus épais que celui de la Vache et de l'Anesse? — Quel effet produit-il sur les personnes qui en prennent? — Que peut-on faire de ce lait? — Qu'est-ce que les Chèvres ont sur la tête? — Ont-elles toutes des cornes? — Quelles sont celles qui donnent le plus de lait? — Quelle est la couleur de la peau des Chèvres? — Quelles sont celles qui passent pour les plus robustes? — Quelle est la qualité de la chair des jeunes Chevreaux? — Comment les engraisse-t-on? — Leur chair est-elle aussi bonne que celle du Mouton? — Les Chèvres aiment-elles les lieux humides? — En élève-t-on dans les pays de plaines? — Qu'est-ce qu'une plaine? — Elève-t-on beaucoup de Chèvres dans les pays chauds? — Y ont-elles des étables? — Que leur arriverait-il en France, si on ne les mettait pas à l'abri pendant l'hiver? — Quels soins faut-il avoir de la Chèvre dans son étable? — Qu'est-ce que la litière? — Combien la Chèvre a-t-elle d'estomacs? — Rumine-t-elle comme le Bœuf? — Lui connaissez-vous quelque aversion? — Que savez-vous du lait de la Chèvre? — Sa chair se mange-t-elle? — Que fait-on de sa peau? — Que fait-on de son poil? — Tire-t-on parti de son suif? — Qu'est-ce que le suif? — La Chèvre est-elle utile à l'homme?

LE CHEVAL.

De tous les animaux employés au service de l'homme, il n'en est pas de plus utile que le Cheval, ni dont l'espèce soit plus généralement répandue. C'est précisément à cause de l'extrême utilité de cet animal, qu'on en trouve dans tous les pays et que partout on a cherché à en multiplier le nombre.

Parmi les quadrupèdes, le Cheval est celui qui, avec une grande taille, a le plus de proportion et d'élégance dans les diverses parties de son corps. Comparez-le aux autres animaux, et vous verrez que l'Ane est beaucoup moins bien fait, que le Lion a la tête trop forte, que le Bœuf a les jambes trop minces pour sa grosseur, que le Chameau est difforme, et que les plus gros animaux, le Rhinocéros et l'Éléphant, ne sont, pour ainsi dire, que des masses informes. Le Cheval n'a pas, comme l'Ane, une apparence d'imbécillité, ni l'air stupide comme le Bœuf. La manière dont il élève sa tête et dont il porte son cou lui donne un maintien noble et fier. Ses yeux sont vifs et bien fendus; ses oreilles sont bien faites et d'une grandeur convenable, sans être trop courtes comme celles du Bœuf, ou trop longues comme celles de l'Ane, ou pendantes comme celles de l'Éléphant. Sa crinière garnit bien sa tête et orne son cou. Sa queue, traînante et touffue, termine avantageusement l'extrémité de son corps; elle diffère infiniment de la queue courte du Cerf, de l'Éléphant, et de la queue dégarnie de l'Ane, du Chameau, du Rhinocéros. Il la fait mouvoir de côté et d'autre, et s'en sert utilement pour chasser les Mouches qui l'incommodent.

Tous les Chevaux n'ont pas les mêmes formes. Les uns sont épais et vigoureux; ils ne peuvent courir qu'avec difficulté, et on ne les emploie qu'à traîner des voitures pesantes, comme les Chevaux de rouliers, de brasseurs, de plâtriers, etc.; les autres sont si fins et si légers, qu'ils ne conviennent pas pour traîner les voitures, et on ne s'en sert que comme chevaux de selle; enfin, il en est qui ont assez de force pour courir, quoique attelés à des voitures, comme les Chevaux de carrosse, les Chevaux de poste, qui tiennent le milieu entre les Chevaux épais et les Chevaux fins.

Les plus beaux Chevaux de selle que l'on connaisse sont les Chevaux arabes. Comme les Arabes possèdent presque tous des Chevaux, et qu'ils n'ont qu'une tente pour maison, cette tente leur sert aussi d'écurie. Le Cheval, le Poulain, le mari, la femme et les enfans couchent tous pêle-mêle sous la tente. On y voit les petits enfans sur le corps, sur le cou du Cheval et du Poulain, sans que ces animaux les blessent ou les incommodent; on dirait qu'ils n'osent remuer de peur de leur faire du mal. Ces Chevaux sont si accoutumés à vivre familièrement avec leurs maîtres, qu'ils souffrent toute sorte de jeux et s'y prêtent avec complaisance. Les Arabes ne les battent point et les traitent avec une extrême douceur; ils parlent et raisonnent avec eux; ils en prennent le plus grand soin; ils les laissent toujours aller au pas et ne les piquent jamais sans nécessité; mais aussi, dès que le Cheval se sent presser le flanc avec le coin de l'étrier, il part subitement avec une vitesse incroyable; il saute les haies, les fossés, aussi légèrement qu'un Cerf. Si le cavalier vient à tomber, le Cheval est si bien dressé, qu'il s'arrête tout court, même dans le galop le plus rapide. Tous les Chevaux des Arabes sont d'une taille médiocre et plutôt maigres que gras. Ils sont pansés, soir et matin, fort régulièrement et avec tant de soin, qu'on ne leur laisse point la moindre poussière sur la peau. On ne leur donne rien à manger de tout le jour, mais on les fait boire deux ou trois fois. Au coucher du soleil, on leur attache à la tête un sac rempli d'orge. Ils ne mangent donc que pendant la nuit, et on leur ôte le sac le lendemain matin. Au printemps, on les met à l'herbe, et, lorsqu'elle vient à manquer, on la remplace souvent par des dattes et du lait de Chameau.

Après les Chevaux arabes, les plus estimés sont ceux de Barbarie; ils sont fort légers et très propres à la course. Il y a aussi, en Espagne, des Chevaux d'une grande beauté et d'un grand prix. En Angleterre, on s'est attaché, depuis fort long-temps, à améliorer les races de chevaux, et on en trouve d'excellens dans ce pays, surtout pour la course. Les Chevaux danois sont de très haute taille et très estimés pour le carrosse. En Allemagne, les Chevaux de Hongrie sont cités comme très légers et bons coureurs. On trouve aussi, en France, d'excellens Chevaux pour les divers usages : le Cheval limousin est très propre à la selle; la Franche-Comté, la

Normandie, la Flandre et l'Artois fournissent de très bons Chevaux d'attelage.

L'homme prend, pour l'éducation du Cheval, plus de soins et de peines que pour celle de tout autre animal; mais il en est bien dédommagé par les services continuels et nombreux qu'il en obtient.

Le petit du Cheval s'appelle *Poulain*. Dans les premiers temps de sa naissance, ses jambes de derrière sont beaucoup plus longues, proportionnellement, que dans le Cheval; mais cette disproportion diminue avec le temps. On laisse téter le Poulain pendant six ou sept mois; après cela, on le sèvre pour lui faire prendre une nourriture plus solide que le lait; on lui donne du son, deux fois par jour, et un peu de foin, dont on augmente la quantité à mesure qu'il avance en âge. On le garde à l'écurie tant qu'il témoigne le désir de rester avec sa mère; mais, lorsque ce temps est passé, on le laisse sortir quand il fait beau, et on le conduit au pâturage. Au mois de mai, on lui permet de pâturer tous les jours, et on le laisse coucher à l'air pendant tout l'été. On le conduit de cette façon jusqu'à l'âge de quatre ans, et alors on l'accoutume à manger de l'herbe sèche.

Les Chevaux ne seraient pas obéissans, comme nous les voyons, si on ne s'y prenait de bonne heure pour les dresser et les rendre dociles. C'est vers l'âge de trois ans ou trois ans et demi que cette éducation commence. On leur met d'abord sur le dos une selle légère, et on les laisse sellés pendant deux ou trois heures chaque jour. On les accoutume de même à recevoir un bridon et à se laisser lever les pieds, sur lesquels on frappe quelques coups, comme pour les ferrer. On les fait trotter, pendant quelque temps, avec la selle ou le harnais sur le corps, sans les monter, puis on les monte sans les faire marcher, et, enfin, on leur fait faire de petites courses, jusqu'à ce qu'ils soient bien habitués au cavalier. Ce n'est ordinairement qu'à l'âge de quatre ans que les Chevaux sont assez forts pour pouvoir marcher, sans se fatiguer, avec le cavalier sur le dos.

On a imaginé plusieurs moyens pour obliger les Chevaux à faire les divers mouvemens qu'on veut qu'ils exécutent. Souvent on leur parle, et ils obéissent au commandement : selon que leurs maîtres prononcent certains mots, ils pressent le pas, tournent à gauche, à droite ou s'arrêtent; mais ce moyen ne s'emploie guère que par les charretiers et avec les Chevaux de trait. Tous les Chevaux se dirigent par le mors, morceau de fer qu'on leur passe dans la bouche et auquel est attachée une bride que le cocher tient dans sa main. Le Cheval a la bouche si sensible, que le moindre mouvement de la bride l'avertit de la volonté de celui qui le conduit, et il s'y conforme. C'est de cette manière aussi qu'on dirige les Chevaux de selle, ainsi nommés parce que, pour les monter, on leur met sur le dos une selle sur laquelle le cavalier s'assied, en posant les pieds sur deux étriers suspendus à cette selle. Le cavalier est, en outre, armé d'éperons qui piquent le flanc du Cheval, l'excitent et le font marcher plus vite. Lorsqu'un Cheval est bien dressé et qu'il est monté par un bon cavalier, l'éperon est presque inutile ; le mouvement des genoux suffit pour diriger l'animal. On se sert aussi du fouet pour presser la marche des Chevaux ; mais ce moyen ne s'emploie, le plus ordinairement, que pour les Chevaux de voiture.

Le Cheval a trois espèces de démarches, qu'on appelle allures. Le *pas* est la plus lente de toutes; le *trot* est plus prompt que le pas, et le *galop* est l'allure la plus rapide. Il y a des Chevaux qui ont une allure particulière, qu'on nomme l'*amble;* cette démarche ressemble au trot; elle est plus douce pour le cavalier, mais plus fatigante pour le Cheval.

Il y a des Chevaux peureux, qui s'effraient et se jettent de côté à la vue d'une borne, d'une pierre, ou d'un objet placé sur leur chemin. Il faut avoir soin de les conduire doucement sur ces objets, de les leur faire reconnaître de près, et de les obliger à passer outre; car, si on les détournait pour leur faire éviter ce qui leur a causé de l'effroi, on ne les guérirait pas de leur défaut, et, dans des circonstances semblables, il pourrait en résulter de graves accidens ou pour les cavaliers qui les montent ou pour les personnes placées dans les voitures auxquelles ils sont attelés.

La nourriture ordinaire des Chevaux, en Europe, consiste principalement en foin, paille et avoine. Au printemps, on les conduit dans les pâturages, et ils y paissent de l'herbe fraîche. Cela s'appelle mettre les Chevaux *au vert.*

Le Cheval dort beaucoup moins que l'homme : il ne reste guère couché que deux ou trois heures de suite ; puis il se relève pour manger, et, lorsqu'il a été trop fatigué, il se couche une seconde fois après avoir mangé ; mais, en tout, il ne dort pas plus de trois ou quatre heures sur vingt-quatre. Il y a même des Chevaux qui ne se couchent jamais et qui dorment toujours debout.

Le pied du Cheval n'est pas fendu comme celui du Bœuf et du Mouton; il est d'une seule pièce et formé par un morceau de corne qu'on appelle le *sabot*. C'est sous ce sabot que l'on applique et que l'on cloue un morceau de fer qui sert à garantir la corne. Sans cette précaution, le sabot s'userait promptement sur le pavé, et le Cheval ne pourrait plus marcher qu'avec difficulté.

La taille la plus ordinaire du Cheval est de quatre pieds et demi à quatre pieds dix pouces de hauteur; mais il y en a de beaucoup plus grands, surtout en Hollande, en Belgique et en Angleterre. En Corse, au contraire, ils sont beaucoup plus petits. Il existe aussi, en Ecosse, une espèce de Chevaux qu'en appelle *poneys* et qui sont de très petite taille. En Laponie on trouve une race de Chevaux qui n'ont pas plus de trois pieds de hauteur : c'est, à peu de chose près, la taille d'un Chien-dogue de la grande espèce.

Le Cheval peut vivre jusqu'à vingt-cinq ou trente ans. Les gros Chevaux vivent moins long-temps que les Chevaux fins; ils sont vieux dès l'âge de quinze ans. C'est par l'inspection des dents qu'on reconnaît l'âge du Cheval; mais, après dix ans, les marques qui existaient disparaissent, et l'âge devient difficile à constater.

Le cri du Cheval s'appelle *hennissement*. Il hennit lorsqu'il a de la joie ou de la colère, ou qu'il désire vivement quelque chose. Lorsqu'il montre les dents et semble rire, c'est qu'il est en colère et qu'il veut mordre.

Quoique le Cheval soit très docile, il se rebute aisément lorsqu'on exige trop de lui. Il est si rempli d'ardeur et de courage, qu'il emploie d'abord toutes ses forces; mais, si on lui demande encore davantage, si on le surcharge de fardeaux trop pesans, il refuse de marcher et se roidit contre la volonté de son maître. C'est à cause de son ardeur même qu'il est moins propre que le Bœuf à l'agriculture, au labourage et à tous les travaux qui exigent un pas lent, une démarche toujours égale, une constance qui ne se lasse pas.

Le Cheval est sensible aux caresses, et il se souvient aussi fort long-temps des mauvais traitemens. On ne voit que trop souvent de malheureux chevaux frappés, accablés de coups de fouet, sans raison comme sans nécessité, par les charretiers qui les conduisent. En Angleterre, ces actes d'inhumanité sont sévèrement punis par les magistrats de police, et il serait à désirer qu'ils le fussent de même en tout pays. Le Cheval est naturellement doux et disposé à se familiariser avec l'homme; aussi n'arrive-t-il jamais qu'il quitte nos maisons pour se retirer dans les forêts. Il marque, au contraire, beaucoup d'empressement pour revenir au gîte. Il semble même préférer l'esclavage à la liberté, puisqu'on en a vu qui, abandonnés dans les bois, hennissaient continuellement pour se faire entendre, accouraient à la voix des hommes, et d'autres qui, livrés à eux-mêmes, maigrissaient et dépérissaient en peu de temps, quoiqu'ils eussent abondamment de quoi varier leur nourriture et satisfaire leur appétit.

Le Cheval a la vue bonne et perçante; il y voit même assez bien la nuit; il a aussi l'ouïe excellente. Il est doué d'une intelligence remarquable : il reconnaît très bien les endroits par lesquels il a passé, les auberges où il s'arrête habituellement, les côtes où il a coutume de ralentir sa marche; il retrouve parfaitement la maison qu'il habite, même au milieu des plus grandes villes. Il en est qui suivent leur maître ou leur palefrenier comme fait un Chien, qui mangent le pain dans la main qui le leur présente, qui lèchent leur maître et hennissent en le revoyant. On cite de cet animal des traits nombreux d'intelligence et d'attachement. Il en est qui se sont laissés mourir de faim après avoir perdu leur maître. Un Cheval, qui appartenait à une personne très charitable, ne manquait jamais de s'arrêter toutes les fois qu'il voyait un pauvre tendre la main, et il ne se remettait en marche que lorsqu'il avait vu son maître faire l'aumône à ce pauvre. Il y aurait bien d'autres traits du même genre à citer.

Résumons, en quelques mots, ce que nous avons dit de l'utilité du Cheval. Il s'emploie au labourage, mais avec moins d'avantage que le Bœuf, par les motifs que nous avons dits plus haut. On l'attelle à toute espèce de voiture et il traîne des fardeaux pesans; il est tel Cheval qui peut traîner un poids de quatre mille livres. Il porte aussi, sur son dos, des fardeaux considérables. On l'utilise à la guerre, soit pour traîner des chariots d'artillerie, soit pour porter des cavaliers, qui sont une partie notable de la force des armées. Aussi intrépide que son maître, il ne craint pas le danger; il aime le bruit des armes, il s'anime pendant le combat, et il se précipite, sans hésiter, au milieu du feu de l'ennemi. Il transporte l'homme, avec rapidité, à une grande distance; il en est qui parcourent quatre lieues en une heure avec une extrême facilité. Enfin, puisque nous énumérons les divers rapports sous lesquels le Cheval est utile, nous ne devons pas omettre de dire que son fumier est un engrais excellent.

Lorsque les Chevaux sont vieux, qu'ils ne peuvent plus rendre aucun service, on les conduit à l'équarrisseur, qui les tue et qui en utilise les différentes parties. La manière ordinaire de les tuer est de leur bander les yeux et de leur donner, avec force, un coup de massue sur la tête, comme on le fait pour le Bœuf. La peau, lorsqu'elle est tannée, s'emploie par les cordonniers et les bourreliers. La chair sert à la nourriture des animaux, et pourrait, au besoin, servir à celle de l'homme; elle est saine et d'un goût agréable. Avec le crin, on confectionne des étoffes et tissus. Les issues, ou parties intérieures, servent à fumer les terres; avec les intestins on fabrique des cordes à boyaux. Les tendons sont achetés et utilisés par les fabricans de colle-forte. La graisse se fond et produit une huile très recherchée par les émailleurs et les bourreliers. Les cornes ou sabots servent aux fabricans de peignes; les gros os, aux couteliers et aux tabletiers.

On voit, par ces détails, que si le Cheval rend des services nombreux pendant sa vie, il est encore d'une grande utilité après sa mort.

QUESTIONNAIRE.

Le Cheval est-il utile à l'homme? — Où le trouve-t-on? — Pourquoi y en a-t-il dans tous les pays? — Que savez-vous des formes et des proportions du corps du Cheval? — Comparez-le aux autres grands quadrupèdes, et signalez les différences. — Comment porte-t-il sa tête et son cou? — Parlez-moi de ses yeux, de ses oreilles, de sa crinière et de sa queue. — Pourquoi le Cheval que je vous montre a-t-il la queue courte? — Quel usage le Cheval fait-il de sa queue? — Tous les Chevaux ont-ils les mêmes formes? — Les Chevaux fins servent-ils à traîner les voitures? — Quels Chevaux attelle-t-on aux voitures? — Quels sont les Chevaux qui tiennent le milieu entre les Chevaux fins et les gros Chevaux? — Quels sont les plus beaux Chevaux que l'on connaisse? — Où est située l'Arabie? — Que savez-vous des Chevaux arabes? — Comment sont-ils élevés et traités par leurs maîtres? — Courent-ils vite? — Quelle est leur taille et quelles sont leurs formes? — Comment les nourrit-on? — Après les Chevaux arabes, quels sont les plus estimés? — Quels sont les autres pays renommés pour leurs Chevaux? — Dans quelles provinces de la France trouve-t-on aussi de bons Chevaux? — Pourquoi l'homme prend-il tant de soin pour l'éducation des Chevaux? — Comment s'appelle le petit du Cheval? — Quelle remarque fait-on sur les jambes du Poulain? — Jusqu'à quel âge le laisse-t-on téter? — Comment le nourrit-on ensuite? — Jusqu'à quelle époque le garde-t-on à l'écurie? — Qu'en fait-on plus tard? — Dans quel mois le conduit-on au pâturage? — Où le fait-on coucher l'été? — A quel âge l'accoutume-t-on à l'herbe sèche? — Les Chevaux sont-ils naturellement obéissans? — Comment s'y prend-on pour les rendre dociles? — A quel âge commence-t-on leur éducation sous ce rapport? — Comment les accoutume-t-on à la selle, à la bride et à se laisser ferrer? — Comment les accoutume-t-on à se laisser monter? — A quel âge sont-ils assez forts pour supporter le cavalier? — Comment s'y prend-on pour faire marcher les Chevaux, pour les faire tourner à droite, à gauche ou s'arrêter? — Quels sont les Chevaux qu'on fait obéir en leur parlant? — Comment dirige-t-on les Chevaux? — Qu'est-ce qu'un mors? — Qu'est-ce qu'une bride? — Comment le mors peut-il diriger le Cheval? — Qu'est-ce qu'une selle? — Où se place-t-elle? — A quoi sert-elle? — Qu'est-ce que les étriers? — A quoi sont-ils suspendus? — Qu'est-ce que des éperons? — A quoi servent-ils? — Se sert-on toujours des éperons? — Se sert-on du fouet pour presser la marche des Chevaux? — Combien le Cheval a-t-il d'espèces d'allures? — Quelles sont-elles? — Y a-t-il des Chevaux peureux? — Comment s'y prend-on pour les corriger de ce défaut? — Quels accidens ce défaut pourrait-il entraîner? — Quelle est la nourriture ordinaire des Chevaux? — Comment les nourrit-on au printemps? — Qu'est-ce que mettre les Chevaux *au vert*? — Le Cheval dort-il beaucoup? — Pendant combien de temps reste-t-il couché? — Combien d'heures dort-il sur vingt-quatre? — Y a-t-il des Chevaux qui dorment debout? — Comment est fait le pied du Cheval? — Qu'est-ce que le *sabot*? — Comment ferre-t-on les Chevaux? — Pourquoi les ferre-t-on? — Quelle est la taille ordinaire du Cheval? — Y en a-t-il de plus grands, et dans quel pays? — Quelle est la taille des Chevaux corses? — Qu'est-ce que la Corse? — Qu'est-ce que les Chevaux *poneys*? — Quelle est la taille de certains Chevaux de Laponie? — Qu'est-ce que la Laponie? — Jusqu'à quel âge vivent les Chevaux? — Les gros Chevaux vivent-ils aussi long-temps que les autres? — A quel âge sont-ils vieux? — Comment reconnaît-on l'âge des Chevaux? — Jusqu'à quel âge peut-on le reconnaître? — Comment s'appelle le cri du Cheval? — Dans quelles circonstances le Cheval hennit-il? — Que fait-il lorsqu'il est en colère et qu'il veut mordre? — Le Cheval se rebute-t-il aisément, et dans quelles circonstances? — Pourquoi se rebute-t-il ainsi? — Est-il aussi propre au labourage que le Bœuf? — Est-il sensible aux caresses? — Se souvient-il des mauvais traitemens? — Que pensez-vous de ceux qui frappent les Chevaux sans nécessité? — Quel est le caractère du Cheval? — Se familiarise-t-il avec l'homme? — Aime-t-il sa liberté? — Le Cheval a-t-il la vue et l'ouïe bonnes? — A-t-il de l'intelligence? — Quelles preuves en donnez-vous? — Savez-vous quelques traits de son attachement pour l'homme? — Dites-moi, en quelques mots, les services que rend le Cheval? — Que fait-on des vieux Chevaux? — Comment appelle-t-on celui qui les tue? — Comment les abat-on? — Que fait-on de leur peau? — A quoi sert leur chair? — Quel goût a-t-elle? — Que fait-on avec les crins? — Quel parti tire-t-on des issues et des intestins? — Quel est l'emploi des tendons, de la graisse, des cornes ou sabots?

L'ANE.

L'Ane est un animal domestique qui n'est pas apprécié comme il mérite de l'être. On est généralement bien injuste à son égard. Au lieu de le juger en lui-même, on le compare sans cesse au Cheval, avec lequel il a de la ressemblance; et, comme il lui est inférieur sous beaucoup de rapports, on le méprise, on le maltraite, comme s'il ne rendait aucun service et qu'il ne méritât aucun ménagement. Jeune ou vieux, il est le jouet des enfans; il est en butte à la brutalité de tous ceux qui le rencontrent. On ne le conduit qu'à coups de bâton; on le surcharge d'énormes fardeaux; on n'en prend aucune espèce de soins. Sans doute il n'a pas la fierté, l'ardeur, la force et la vitesse du Cheval; mais, si le Cheval n'existait pas, l'Ane serait pour nous le plus beau, le mieux fait, le plus distingué et le plus utile des animaux. S'il n'a pas les qualités du Cheval, il en a aussi de bien précieuses et qu'il faut savoir reconnaître. Il est tranquille et patient; il souffre, avec constance, les châtimens et les coups. Il se résigne facilement à supporter de longues fatigues et de pénibles privations. Il coûte fort peu d'achat et il est facile à nourrir; sa sobriété est extrême; il se contente de chardons et des herbes les plus dures, les plus désagréables, que le Cheval et les autres animaux ne veulent pas manger. Un peu de paille hachée ou broyée est pour lui un véritable régal. Il boit aussi sobrement qu'il mange: une petite quantité d'eau lui suffit; mais il la veut claire et sans goût; il aime à aller la boire aux ruisseaux qui lui sont connus. Il a les yeux bons, l'odorat exquis, l'oreille excellente. Il s'attache à son maître, quoiqu'il en soit ordinairement maltraité ; il le sent de loin et le distingue de tous les autres hommes. Il reconnaît aussi les lieux qu'il a coutume d'habiter et les chemins qu'il a fréquentés. Il marche, il trotte et il galope comme le Cheval, mais tous ses mouvemens sont beaucoup plus lents. Il peut d'abord courir avec assez de vitesse, mais il ne saurait courir longtemps, et, si on le presse, il ne tarde pas à se fatiguer. Il a le pied beaucoup plus sûr que le Cheval ; il marche, sans faire de faux pas, dans les sentiers les plus étroits et les plus glissans. Comme il craint de se mouiller les pieds, il se détourne pour éviter la boue et choisit toujours l'endroit le plus propre des chemins.

Dans la première jeunesse, il est gai et même assez joli ; il a de la légèreté et de la gentillesse ; mais il la perd bientôt, soit par l'âge, soit par les mauvais traitemens, et il devient lent, indocile et têtu : ce sont là ses principaux défauts.

L'Ane dort moins que le Cheval, et ne se couche, pour dormir, que lorsqu'il est excédé de fatigue. Il jouit d'une bonne constitution, et n'est pas, à beaucoup près, sujet à un aussi grand nombre de maladies que le Cheval ; on croit même qu'il n'en éprouverait aucune, si on avait de lui les soins convenables. Il ne se vautre pas, comme le Cheval, dans la fange et dans l'eau ; mais, comme on ne l'étrille jamais, il éprouve souvent le besoin de se rouler sur le gazon, sur les chardons et sur la poussière. Lorsque cette fantaisie lui prend, il se couche, sans s'inquiéter de ce qu'il porte sur le dos.

De tous les animaux couverts de poils, l'Ane est celui qui est le moins sujet à la vermine ; ce qui vient apparemment de la dureté et de la sécheresse de sa peau, qui est, en effet, plus dure que celle de la plupart des autres quadrupèdes. C'est par la même raison qu'il est bien moins sensible que le Cheval au fouet et à la piqûre des mouches.

Lorsque l'Ane est convenablement chargé, il porte des fardeaux plus pesans qu'aucun autre animal, eu égard à sa grosseur ; mais il faut les placer sur la croupe, et non pas sur le dos, comme on le fait ordinairement. Si on le surcharge ou que son harnais le blesse, il incline la tête, baisse les oreilles et refuse de marcher. Lorsqu'on le tourmente trop, il ouvre la bouche et retire les lèvres d'une manière très désagréable; il se défend aussi avec les pieds et les dents contre ceux qui l'importunent et l'irritent.

L'Ane est trois ou quatre ans à croître; il conserve sa force jusqu'à l'âge de quatorze ou quinze ans. Il peut vivre de vingt-cinq à trente ans; mais l'excès du travail et les mauvais traitemens abrégent ordinairement la durée de son existence. On connaît son âge, comme celui du Cheval, par les dents.

Le Cheval hennit, l'Ane brait : le son de sa voix est un grand cri rauque, très long, très désagréable et qui s'entend de fort loin. Ses oreilles sont excessivement longues; sa queue, qui est presque nue dans toute sa longueur, est garnie de crins à l'extrémité; ses jambes sont fines et sèches; elles se terminent par un sabot, comme celles du Cheval. On ferre les Anes qui traînent les voitures et qui marchent sur le pavé, pour ménager les cornes de leur pied. Leur couleur la plus commune est le gris-souris; on en voit aussi de gris mélangé, de rayés, de noirs. Ils sont tous marqués d'une raie noire qui s'étend sur le dos et le long des épaules, en forme de croix.

La taille de l'Ane varie infiniment, suivant les différens pays; la moyenne, en France, est de quatre pieds et demi de longueur, mesurée en ligne droite depuis l'entre-deux des oreilles jusqu'à la queue, et de trois pieds quatre à cinq pouces de hauteur.

La chair de l'Ane est plus dure, plus mauvaise, plus désagréable au goût que celle du Cheval; cependant la chair de l'Anon est assez tendre et on en fait de bons saucissons.

Comme la peau de cet animal est très dure et très élastique, on l'emploie utilement à différens usages : on en fait des cribles, du parchemin, des tambours et de très bons souliers. C'est aussi avec le cuir de l'Ane que l'on fabrique ce que l'on appelle la peau de chagrin, dont on fait des gaînes, des étuis et des fourreaux pour diverses armes. Le lait d'Anesse est pectoral, rafraîchissant et plus léger que les autres laits : on en fait prendre, avec succès, aux personnes qui sont menacées ou atteintes de maladies de poitrine.

L'Ane est un animal d'une grande ressource pour les personnes de la campagne, parce que, comme nous l'avons dit, on peut se le procurer à bon marché, qu'il ne coûte presque rien à nourrir, et qu'il ne demande, pour ainsi dire, aucun soin. Le pauvre paysan, qui ne peut acheter et entretenir un Cheval, a presque toujours un Ane, et en tire bon parti. On l'emploie à semer, à recueillir, à porter le blé au moulin et les denrées au marché. On le met quelquefois à la charrue, dans les pays où le labourage est facile, et son fumier est un excellent engrais pour les terres.

Comme ses allures sont douces et qu'il bronche moins que le Cheval, on l'emploie aussi comme monture. Les dames, les enfans, qui n'oseraient se hasarder sur un Cheval, n'hésitent pas à monter un Ane, et prennent ainsi, sans se fatiguer, le plaisir de la promenade. Ainsi, le même animal, qui rend de si grands services aux pauvres habitans des campagnes, sert aussi à l'amusement des riches habitans des villes.

QUESTIONNAIRE.

L'Ane est-il aussi estimé qu'il mérite de l'être? — Pourquoi est-on, en général, injuste à son égard? — A-t-il quelque ressemblance avec le Cheval? — Doit-on le maltraiter, parce qu'il lui est inférieur sous plusieurs rapports? — Que pensez-vous de ceux qui maltraitent les animaux? — Vous me promettez donc de ne jamais les maltraiter? — Si le Cheval n'existait pas, ne ferait-on pas plus de cas de l'Ane? — Quelles sont les principales différences entre ces deux animaux? — L'Ane n'a-t-il pas aussi des qualités précieuses? — L'Ane est-il patient? — Qu'entendez-vous par ce mot *patient*? — Supporte-t-il facilement les fatigues et les privations? — Qu'est-ce que des privations? — Un Ane coûte-t-il cher à acheter? — Coûte-t-il cher à nourrir? — De quoi se contente-t-il pour sa nourriture? — Comment exprimez-vous la qualité d'un animal qui se contente de si peu? — Pourquoi la sobriété est-elle une qualité? — L'Ane boit-il beaucoup? — Aime-t-il l'eau trouble? — Qu'est-ce qu'un ruisseau? — Que savez-vous des sens de l'Ane, de ses yeux, de son odorat, de son ouïe? — S'attache-t-il à son maître, lorsqu'il le maltraite? — N'est-ce pas une qualité que d'aimer ceux même qui lui font du mal? — Si je vous battais, croyez-vous que vous m'aimeriez? — L'Ane reconnaît-il les lieux qu'il habite et les chemins qu'il fréquente? — Cela ne suppose-t-il pas de l'intelligence et de la mémoire? — Marche-t-il, trotte-t-il et galope-t-il comme le Cheval? — Vous souvenez-vous de ce que je vous ai dit de ces différentes allures? — Quelle est la plus rapide? — Et la plus lente? — L'Ane court-il aussi vite que le Cheval? — Peut-il courir long-temps? — A-t-il le pied sûr? — Qu'est-ce qu'avoir le pied sûr? — L'Ane aime-t-il à se mouiller les pieds? — Pourquoi choisit-il toujours l'endroit le plus sec des chemins? — Comment est l'Ane dans sa jeunesse? — Que devient-il plus tard? — C'est donc un défaut d'être têtu? — Pourquoi cela? — A qui compare-t-on ordinairement les personnes très entêtées? — L'Ane dort-il beaucoup? — Se couche-t-il pour dormir? — Est-il d'une bonne constitution? — Qu'entendez-vous par ces mots, une bonne constitution? — Est-il sujet à beaucoup de maladies? — Se vautre-t-il comme le Cheval? — Pourquoi l'Ane aime-t-il à se rouler? — Sur quoi se roule-t-il? — Se couche-t-il de même lorsqu'il porte un fardeau? — Que devient alors ce qu'il porte? — Est-il sujet à la vermine? — Pourquoi en est-il exempt? — Quelle est la nature de sa peau? — Pourquoi est-il peu sensible au fouet et à la piqûre des mouches? — Peut-il porter des fardeaux pesans? — Comment faut-il le charger? — Montrez-moi, sur cette image, la croupe de l'Ane? — Que fait-il lorsqu'on le surcharge ou que son harnais le blesse? — Que fait-il lorsqu'on le tourmente? — Comment se défend-il lorsqu'on l'importune ou qu'on l'irrite? — Combien est-il de temps à croître? — Jusqu'à quel âge conserve-t-il sa force? — Combien de temps peut-il vivre? — Existe-t-il ordinairement jusqu'à cet âge? — Comment connaît-on son âge? — Le cri de l'Ane est-il le même que celui du Cheval? — Que savez-vous du son de sa voix? — Par quel mot exprime-t-on que l'Ane crie? — Emploie-t-on la même expression pour le Cheval? — Le cri de l'Ane s'entend-il de loin? — Que savez-vous de ses oreilles et de sa queue? — Et de ses jambes? — Comment ses jambes se terminent-elles? — L'Ane a-t-il le pied fendu comme le Bœuf? — Ferre-t-on quelquefois les Anes? — A quoi sert le fer qu'on leur cloue sous les pieds? — Quelle est la couleur la plus ordinaire de leur poil? — Y en a-t-il de différentes couleurs? — Que remarque-t-on sur leur dos et le long de leurs épaules? — Quelle est la longueur moyenne de l'Ane? — Quelle est sa hauteur? — Quelle est la qualité de sa chair? — Qu'est-ce qu'un Anon? — La chair de l'Anon se mange-t-elle? — Qu'en fait-on? — Que fait-on avec la peau de l'Ane? — Quelles sont les qualités du lait d'Anesse? — Quel usage en fait-on? — A qui l'Ane est-il surtout utile? — A quoi l'emploie-t-on à la campagne? — L'Ane s'emploie-t-il comme monture? — Pourquoi le monte-t-on quelquefois de préférence au Cheval? — N'est-il monté que par les habitans des campagnes?

LE CHAMEAU.

Le Chameau est de l'espèce des quadrupèdes. Il est originaire d'Arabie, et ne peut vivre que dans les pays chauds. En Arabie, il y a des déserts, ou d'immenses plaines de sable, dans lesquels on ne trouve ni eau, ni herbe, ni pâturage, ni arbres. Au moyen du Chameau, les Arabes peuvent franchir ces espaces, parce que cet animal, qui les transporte eux et leurs marchandises, peut rester jusqu'à neuf ou dix jours sans boire, par une chaleur brûlante, et qu'un petit morceau de pâte, une légère portion de fèves et d'orge, suffit pour le nourrir pendant toute une journée.

Peu de jours après la naissance du Chameau, on l'accoutume à plier les jambes sous le ventre, et à rester dans cette position pendant qu'on le charge de lourds fardeaux. Petit à petit on augmente le poids, jusqu'à ce qu'il soit habitué à porter tout ce que ses forces permettent. On l'exerce aussi à la course, et on parvient à le rendre aussi léger et plus robuste que les Chevaux. Cet animal, même étant chargé, peut marcher jour et nuit, presque sans s'arrêter, ni boire, ni manger, et faire aisément trois cents lieues en huit jours. Il suffit de lui donner une heure de repos dans la journée. Lorsque, par hasard, il se trouve de l'eau ou une mare à quelque distance de sa route, il la sent de plus d'une demi-lieue ; la soif lui fait doubler le pas, et il boit, en une seule fois, pour le temps passé et pour le temps à venir. Ces voyages sont souvent de plusieurs semaines, pendant lesquels le Chameau éprouve toute sorte de privations.

Dans les pays où existe le Chameau, c'est par le moyen de cet animal qu'on transporte la plupart des marchandises ; on ne pourrait employer, lorsqu'il s'agit de traverser un désert, aucun autre animal, puisque le Chameau seul peut supporter long-temps la soif, et que, souvent, on est obligé de parcourir un espace de plus de cent lieues sans trouver d'eau.

On charge chacun des Chameaux selon sa force. Lorsqu'on leur impose une charge trop forte, ils se plaignent en poussant des cris lamentables, et restent constamment couchés, jusqu'à ce qu'on ait diminué leur fardeau. Les grands Chameaux portent environ mille à douze cents livres ; les petits, six à sept cents. Dans ces voyages, on règle leur marche, et, pour ne pas les fatiguer, on ne leur fait faire qu'environ douze lieues par jour, quoiqu'ils puissent en faire davantage.

Le Chameau est un animal *ruminant*. On appelle ainsi les animaux qui ont un estomac composé de quatre poches, et qui peuvent remâcher ce qu'ils ont déjà avalé ; mais il est le seul de cette espèce qui, outre ces quatre poches, en ait une cinquième, qui lui sert de réservoir pour conserver de l'eau en grande quantité. Elle peut séjourner dans ce cinquième estomac, pendant plus de huit jours, sans se corrompre. Quand l'animal est pressé par la soif, ou qu'il veut humecter ses alimens, il fait refluer l'eau dans sa bouche, au moyen de quelques efforts.

La longueur moyenne du Chameau est de dix pieds sur six de hauteur; il a la tête petite et alongée, les yeux gros et saillans, les oreilles courtes, le front revêtu d'un duvet qui ressemble à de la laine, et le cou extrêmement long, dans la forme d'un S. Il a les cuisses et la queue fort petites; les jambes longues, le pied fourchu, comme celui d'un bœuf, et disposé de manière à pouvoir marcher dans les sables. Tout son corps est revêtu de longs poils roux, très beaux, et plus recherchés que la plus belle laine.

La forme des Chameaux n'est point agréable à l'œil. Ils sont difformes et paraissent gênés dans leurs mouvemens. Ils ont des callosités ou durillons aux coudes, aux genoux de devant et à la poitrine, parce qu'ils s'appuient sur ces parties, soit pour dormir, soit en se mettant à genoux, pour donner à leur maître la facilité de les charger. Ils ont deux bosses au milieu du dos. Une autre espèce de Chameau, que l'on nomme Dromadaire, ne porte qu'une bosse. Le Dromadaire est ordinairement plus petit et plus agile que le Chameau. On le trouve dans le nord de l'Afrique, en Egypte, en Perse et dans la Tartarie méridionale; et, comme il peut vivre dans beaucoup plus de pays que le Chameau, il est plus commun que ce dernier animal.

Le Chameau est, pour les Arabes, un animal sacré; et, effectivement, si Dieu ne l'avait fait naître dans les déserts de l'Asie et de l'Afrique, les habitans de ces pays ne pourraient ni subsister, ni commercer, ni voyager. Il leur fournit le lait dont ils font leur nourriture ordinaire. Sa chair est bonne à manger, quand l'animal est jeune. Le poil qui le couvre, et qui se renouvelle tous les ans au printemps, est fin et moelleux, et sert à faire des vêtemens. On tire même partie de ses excrémens, quand ils sont desséchés, puisque, mis en poussière, ils servent de litière, et qu'on en fait des mottes à brûler, chose précieuse dans un pays où il ne se trouve pas d'arbres.

L'extrême sobriété du Chameau, la docilité de son caractère, et les services que l'homme en retire, le rendent de la première utilité.

Lorsqu'on entreprend un voyage, le chamelier (c'est le nom que l'on donne aux conducteurs de Chameaux) monte sur l'un d'entre eux, les précède et leur fait prendre le même pas qu'à sa monture. Quand les Chameaux sont fatigués, on soutient leur courage par le chant ou par le son de quelques instrumens. Jamais on ne leur donne de coups de fouet ou d'éperon; on les anime seulement en chantant, cela suffit pour leur faire activer leur marche. On ne leur accorde guère qu'une heure de repos par jour, et, après ce temps, les chameliers, reprenant leurs chansons, les remettent en marche; le chant ne finit que quand il faut s'arrêter. Alors les Chameaux s'accroupissent et se laissent tomber avec leur charge; on leur ôte le fardeau en dénouant les cordes et laissant couler les ballots des deux côtés. Ils restent couchés sur le ventre et s'endorment au milieu de leur bagage, qu'on rattache, le lendemain, avec facilité.

Voici un exemple de la célérité de leur marche :

Une jeune femme arabe tomba malade subitement. Dans son délire, elle fut saisie d'un désir si violent d'avoir une orange, pour rafraîchir sa bouche desséchée, qu'elle serait infailliblement morte, si elle n'eût été satisfaite; mais il n'y avait pas d'oranges dans la ville, et, pour s'en procurer, il fallait aller à une distance de trente lieues. Un parent de la malade saute, au point du jour, sur son Chameau et part. Pendant toute sa course, il ne cesse d'exciter sa monture par des paroles animées, et cet excellent animal, comme s'il avait compris l'intention de son maître, l'avait ramené, un peu après la nuit tombée, dans la ville qu'il avait quittée le matin. Les oranges apportées furent remises à la jeune fille malade, et elle fut sauvée.

QUESTIONNAIRE.

De quelle espèce est le Chameau? — Dans quel pays le trouve-t-on? — Où est située l'Arabie? — Quel est le climat de ce pays? — Les Chameaux peuvent-ils vivre dans les pays où il ne fait pas chaud? — Y a-t-il des déserts en Arabie? — Qu'est-ce qu'un désert? — Qu'est-ce qu'une plaine? — Quels sont les objets que l'on ne trouve pas en Arabie? — Que font les Arabes, au moyen des Chameaux? — Combien de temps les Chameaux peuvent-ils rester sans boire? — Quelle est la nourriture qui leur suffit? — Que fait-on au Chameau, peu de jours après sa naissance? — A quoi l'exerce-t-on? — Quelle qualité lui donne-t-on? — Peut-il marcher le jour et la nuit? — Combien peut-il faire de lieues en huit jours? — Quel est le temps de repos qu'il suffit de lui donner? — Qu'éprouve le Chameau, lorsqu'il se trouve de l'eau à quelque distance de sa route? — Que fait-il lorsqu'il a trouvé de l'eau? — Combien de temps les Chameaux sont-ils quelquefois en voyage? — Qu'éprouvent-ils pendant la durée de leur voyage? — Par quel moyen transporte-t-on les marchandises dans les pays dont nous venons de parler? — Pourrait-on employer un autre animal que le Chameau? — Pourquoi ne peut-on se servir que du Chameau? — Que font les Chameaux lorsqu'on leur impose une charge trop forte? — Combien de livres portent les grands Chameaux? — Et les petits? — Combien leur fait-on faire de lieues par jour? — Le Chameau est-il un animal ruminant? — Qu'est-ce qu'un animal ruminant? — De combien de poches est composé l'estomac des animaux ruminans? — Le Chameau n'a-t-il pas une cinquième poche? — A quoi lui sert-elle? — Combien de temps l'eau peut-elle séjourner dans cette cinquième poche? — Que fait le Chameau, quand il est pressé par la soif? — Quelle est la longueur moyenne du Chameau? — Quelle est sa hauteur? Sa tête est-elle grosse ou petite, et quelle est sa forme? — Comment sont ses yeux, ses oreilles? — De quoi est revêtu son front? — Quelle est la forme de son cou? — Que savez-vous de ses cuisses et de sa queue? — Et de ses jambes? — Comment son pied est-il fait? — Comment est-il disposé? — De quoi son corps est-il revêtu? — La forme du Chameau est-elle agréable? — A quelle partie du corps a-t-il des durillons? — Pourquoi? — Que porte-t-il sur le milieu du dos? — N'y a-t-il pas une autre espèce de Chameau? — Comment l'appelle-t-on? — Quelles différences y a t-il entre le Chameau et le Dromadaire? — Quels pays habite le Dromadaire? — Que fournit le Chameau aux Arabes? — Sa chair est-elle bonne à manger? — A quoi sert le poil qui le couvre? — Que fait-on de ses excrémens? — Quelles sont les qualités du Chameau? — Quel nom donne-t-on aux conducteurs de Chameaux? — Que fait le chamelier, lorsqu'il entreprend un voyage? — Quand les Chameaux sont fatigués, comment soutient-on leur courage? — Leur donne-t-on des coups de fouet? — Combien de temps de repos leur donne-t-on par jour? — Dans quelle position se mettent les Chameaux lorsqu'ils sont arrivés? — Dans quelle position s'endorment-ils? — Savez-vous quelque exemple de la vitesse du Chameau?

LE CHIEN.

Le Chien n'est pas seulement remarquable par la beauté de ses formes, par sa vivacité, sa légèreté, sa force, il l'est surtout par de nombreuses qualités qui le rendent infiniment utile et précieux pour l'homme. Il n'est pas d'animal susceptible d'un aussi vif attachement pour son maître; en toute chose il cherche à lui plaire; il le consulte; il attend ses ordres. Un seul mot, un geste, un regard suffisent pour lui faire comprendre ce qu'on désire de lui, et il obéit à l'instant. Il est sensible aux caresses, au souvenir des bienfaits, et il oublie sans peine les mauvais traitemens. S'il fait une faute et qu'on veuille le punir, il vient, avec docilité, recevoir son châtiment, et il lèche la main qui le frappe. Qu'il ait mérité une punition ou qu'on la lui inflige injustement, il la subit avec la même résignation; il implore son maître par la plainte; il le désarme par sa patience et sa soumission. Vous avez, sans doute, vu de pauvres chiens dans le moment où on exerçait à leur égard toutes sortes de brutalités; vous avez dû remarquer qu'ils ne cherchaient pas à fuir; qu'ils rampaient ou se couchaient devant leur maître; qu'ils restaient volontairement exposés à ses coups; qu'ils se contentaient de tourner vers lui un regard suppliant, comme pour solliciter le pardon d'une faute que, souvent, ils n'ont pas commise. Lorsque leur maître est apaisé, ils le reconnaissent au seul son de sa voix; ils l'interrogent du regard; ils jugent en un instant s'ils peuvent se basarder à lui faire quelques caresses, à lui renouveler les marques de leur attachement.

C'est avec bien de la raison qu'on a fait du Chien l'emblême, le symbole de la fidélité : il n'oublie jamais celui qui l'a élevé; il le reconnaît après une séparation de plusieurs années et le comble de caresses partout où il le rencontre. Il s'attache à l'homme le plus pauvre comme au maître le plus riche, et, quand on l'attaque, il le défend avec courage, même au péril de sa vie. Il partage les privations de l'indigent, et il ne l'abandonnerait pas pour une condition meilleure. C'est toujours avec un vif regret qu'il se sépare de son maître; il ne demande qu'à le suivre; il voudrait ne pas le quitter d'un instant, l'accompagner partout; il n'est véritablement heureux qu'avec lui : aussi, souvent, faut-il insister vivement pour le faire retourner au logis, quand on ne veut pas l'emmener avec soi. Permettez-lui de vous suivre : il traversera, s'il le faut, une rivière à la nage, pour rester avec vous ou pour venir vous rejoindre. Nous avons vu, un jour, un Chien de Terre-Neuve suivre, en nageant jusqu'à une lieue en mer, son maître qui allait faire une promenade en bateau. Arrivé à cette distance, et voyant qu'on ne le prenait pas dans le canot, il reconnut, sans doute, qu'il n'avait plus assez de force que pour retourner au rivage, et il rebroussa chemin. Tout le monde connaît l'histoire de ce Chien d'un pauvre, qui suivit, seul, le corbillard de celui à qui il avait appartenu et l'accompagna jusqu'à sa dernière demeure; et cette autre histoire, non moins touchante, du Caniche d'un individu tué dans un des combats livrés pendant les journées de juillet, qui, pendant plusieurs mois, ne quitta pas la tombe de son maître, enterré auprès du Louvre. On pourrait multiplier ces exemples à l'infini : on n'aurait que l'embarras du choix.

Très souvent on confie aux Chiens la garde des maisons, pendant la nuit, et ils s'acquittent de ce soin avec autant de zèle que de dévouement. Ils veillent, ils courent, ils font leur ronde. Ils semblent fiers de la confiance qu'on leur accorde, et paraissent deviner qu'on compte sur eux pour avertir. Aussi, dès qu'un étranger s'approche et tente de s'introduire dans la maison, ils le sentent de loin et donnent l'alarme par des aboiemens réitérés. S'il franchit les barrières et pénètre dans l'intérieur, ils deviennent furieux, se précipitent sur lui, le blessent, le déchirent par leurs morsures, et le forcent ainsi à la retraite. Leurs cris suffisent souvent pour éloigner les voleurs, qui n'osent s'exposer à une lutte dangereuse avec des Chiens aussi forts que ceux qui gardent ordinairement les fermes, les maisons de campagne et les châteaux. Ces animaux ne peuvent souffrir les mendians et les gens mal vêtus; ils aboient ordinairement à leur approche; on croirait qu'ils savent que ce sont des importuns et qu'ils regardent comme un devoir de chercher à les écarter.

A raison de sa prodigieuse intelligence, l'éducation du Chien est très facile et on l'instruit en peu de temps. On lui apprend à rapporter, à retrouver les effets perdus, à se tenir debout sur ses pattes de derrière, à sauter, à danser, à tourner sur lui-même, à faire la révérence ou la culbute, à porter des paquets avec sa gueule, à aboyer au commandement, à faire mille tours de gentillesse. Tout Paris a connu un Chien à qui l'on avait appris à jouer au domino.

Le Chien sait exprimer ce qu'il éprouve, par son maintien, par son regard, et, surtout, par le mouvement de sa queue. Il varie l'accent de sa voix, suivant qu'il a de la douleur, de la joie, de la crainte ou de la colère.

Parmi les Chiens, celui qui a le plus d'instinct et d'intelligence, c'est certainement le Chien de berger. On n'a pas besoin de s'occuper de son éducation : il s'attache, de lui-même, à la garde des troupeaux, et, sans qu'on lui ait rien appris, il les surveille, il les dirige, avec une habileté et une vigilance qu'on ne saurait trop admirer (1).

Le Chien de chasse, dont l'éducation est longue et difficile, se fait aussi remarquer par ses talens et par ses qualités. Dès qu'il entend le bruit des armes, le son du cor ou la voix du chasseur, il marque sa joie de mille manières ; il annonce, par ses mouvemens et par ses cris, l'impatience de poursuivre sa proie. Par la finesse de son odorat, il sait trouver les traces du gibier, il le suit pas à pas, et, lorsqu'il n'en est plus qu'à une petite distance, il s'arrête, sans faire le moindre mouvement, pour indiquer à son maître qu'il peut se préparer à tirer. Il poursuit avec ardeur et attaque avec courage des animaux plus grands et plus forts que lui, le Cerf, le Loup, le Sanglier. En un mot, c'est à l'aide du Chien que l'homme peut se procurer l'un des plaisirs les plus recherchés, et qu'il parvient à découvrir, à atteindre, à détruire des animaux sauvages et nuisibles.

Il est encore d'autres espèces de Chiens, qui méritent d'être cités pour leur instinct et leur intelligence. Le Chien de Terre-Neuve est de ce nombre. Il se jette à la nage, sans hésiter, pour aller au secours des personnes qui se noient, et il parvient, presque toujours, à les sauver. Les Chiens du mont Saint-Bernard sont dressés à aller à la recherche des voyageurs égarés et que la neige empêche de retrouver leur chemin. Ces voyageurs, saisis par le froid et gisans sur la terre glacée, seraient voués à une mort certaine, si ces excellens animaux

---

(1) *Voyez* à l'article MOUTON, page 14, ce que nous avons dit du Chien de berger.

ne les réchauffaient de leur haleine et ne leur servaient, ensuite, de guides jusqu'à un couvent de religieux charitables, où l'on est assuré de trouver l'hospitalité.

Il n'existe pas d'animal dont les espèces soient aussi nombreuses que celles du Chien : on en compte plus de trente. Toutes ces variétés diffèrent entre elles sous une infinité de rapports : par la grandeur de la taille, la figure du corps, l'alongement du museau, la longueur, la direction des oreilles et de la queue, la couleur, la qualité et la quantité du poil. Il y a des Chiens plus gros que des Loups, et d'autres qui ne sont pas, à beaucoup près, aussi gros que des Chats. Il en est qui ont le museau plat et le nez épaté, comme le Dogue et le Carlin; d'autres, qui l'ont pointu et effilé, comme le Lévrier, le Chien de berger, le Chien-Loup; quelques uns ont le corps couvert de poils longs ou épais, comme l'Epagneul, le Barbet; d'autres l'ont très ras, comme le Chien braqué, ou en sont entièrement dépourvus, comme le Chien turc. Il y en a qui ont les oreilles courtes, droites et pointues; d'autres qui les ont longues et pendantes. Certains ont l'odorat excellent, comme le Chien de chasse; d'autres en ont fort peu, comme le Dogue, le Lévrier, le Mâtin et le grand Danois.

Des diverses espèces de Chiens, les plus grands sont le grand Danois et le Mâtin; le plus fort est le Dogue; celui qui a le plus d'instinct est le Chien de berger; celui qui court le plus vite est le Lévrier.

De quelque race que soient les Chiens, lorsqu'on les transporte dans des pays extrêmement chauds, ils perdent, au bout de quelque temps, leur poil et leur voix; dans d'autres, ils ne perdent que la faculté d'aboyer; ils hurlent comme les Loups ou glapissent comme les Renards. Les Chiens deviennent aussi fort laids dans ces climats : ils ont le museau effilé, les oreilles longues et droites, la queue longue et pointue; enfin, ils sont désagréables à la vue et plus encore au toucher.

Les Chiennes ont ordinairement quatre ou cinq petits à la fois; quelques unes en ont jusqu'à douze. Les petits naissent avec les yeux fermés; ils ne commencent à les ouvrir qu'au dixième ou douzième jour. Dès le quatrième mois, ils perdent quelques unes de leurs dents, qui sont bientôt remplacées par d'autres qui ne tombent plus : ils en ont, en tout, quarante-deux. A neuf ou dix mois, le Chien est dans sa force. La tendresse de la Chienne pour ses petits est extrême; elle grogne et s'irrite lorsqu'on s'en approche. Si son maître les lui enlève, elle le suit d'un air inquiet et semble le prier de les lui rendre; si c'est un autre que son maître, elle se jette sur lui et le mord. Si on les dépose par terre, elle les reporte, avec sa gueule, l'un après l'autre, à l'endroit où elle les allaite.

Le Chien est environ deux ans à croître : la plus grande durée de sa vie est de quatorze à quinze ans. Il en est, cependant, qui ont vécu jusqu'à l'âge de vingt ans, mais c'est une exception assez rare. On peut connaître l'âge du Chien par les dents, qui, dans sa jeunesse, sont blanches, tranchantes et pointues, et qui, à mesure qu'il vieillit, deviennent noires et inégales. On le connaît aussi par son poil, qui, dans les vieux Chiens, blanchit sur le museau et autour des yeux.

Le Chien s'accommode de toutes sortes d'alimens; mais il aime la viande par dessus tout. On lui donne ordinairement les restes de la table. Il broie, avec facilité, les os qu'on lui jette, il en extrait le suc, et, quand ce sont des os tendres ou de volaille, il les brise, les avale et les digère.

Le Chien est sujet à plusieurs maladies. Quand il est jeune, il est attaqué d'une espèce de gourme, qu'on appelle *maladie des Chiens,* et à laquelle il n'est pas rare de le voir succomber. Souvent, lorsqu'il se sent malade, il se guérit lui-même en mangeant du chiendent, qu'il sait parfaitement distinguer des autres herbes. Mais sa maladie la plus dangereuse est la rage. On dit qu'il la contracte lorsqu'il a été privé, pendant plusieurs jours, de boire ou de manger. Quand il en est atteint, il s'élance, indifféremment, sur les hommes et sur les animaux; il les mord et leur communique, par là, la même maladie, qui est toujours mortelle, si on n'a pas le soin de faire aussitôt brûler ou cautériser profondément la blessure, et encore ne réussit-on pas toujours à s'en préserver par ce moyen. Cet horrible mal, auquel on n'a pas encore trouvé de remède, cause, à celui qui en est atteint, un dessèchement de la gorge, une horreur invincible pour l'eau et pour tout ce qui est liquide, ou pour ce qui est brillant et poli. Lorsque la crise se manifeste et que les convulsions ont lieu, le malade succombe en quelques heures.

Dans certains pays, on trouve encore des Chiens sauvages. Ils vivent en société, et, quand ils sont pressés par le besoin, ils se réunissent en troupes nombreuses pour attaquer les ennemis les plus redoutables, la Panthère, le Tigre et même le Lion.

Pour rappeler, en peu de mots, les qualités particulières au Chien et les services qu'il rend à l'homme, nous dirons que c'est le seul animal dont la fidélité soit à l'épreuve, le seul qui connaisse toujours son maître et les amis de la maison; le seul qui, lorsqu'il arrive un inconnu, s'en aperçoive, et à qui l'on puisse confier la garde des habitations et des troupeaux; le seul, enfin, qui entende son nom et qui reconnaise la voix qui l'appelle. Dans un voyage long, qu'il n'aura fait qu'une fois, il se souvient du chemin qu'il a parcouru et retrouve sa route. Lorsqu'il a perdu son maître, il l'appelle par ses gémissemens. Il est l'ami de l'homme; il le seconde, en mille circonstances, par son odorat, par sa vitesse, par son instinct; il veille à sa sûreté, il le défend, il le flatte et lui est fidèle au delà du tombeau. Il sait, par ses caresses réitérées, par son obéissance, par ses services, par ses efforts pour plaire à son maître, mériter tout son attachement et s'en faire un protecteur.

Après nous avoir servis pendant sa vie, le Chien nous est encore utile après sa mort. Sa graisse entre dans la composition des perles fausses; sa peau sert à faire des gants, et des bas pour les personnes atteintes de certains maux de jambes; lorsqu'elle est garnie de poils longs et fins, on en fait des fourrures. C'est, en un mot, un animal si utile sous tous les rapports, qu'aucun autre ne pourrait le remplacer.

QUESTIONNAIRE.

Quelles sont les qualités qui font du Chien un animal remarquable? — Est-il susceptible d'attachement pour son maître? — Comment le lui prouve-t-il? — Le Chien comprend-il facilement les ordres qu'on lui donne? — Y obéit-il promptement? — Est-il sensible aux caresses? — Garde-t-il le souvenir des bienfaits? — Reçoit-il avec docilité le châtiment qu'on lui inflige, ou cherche-t-il à fuir? — Que fait-il à celui qui le frappe? — Comment s'y prend-il pour apaiser son maître et solliciter son pardon? — Comment reconnaît-il qu'il l'a obtenu? — Qu'est-ce qu'un emblème ou un symbole? — Pourquoi dit-on que le Chien est l'emblème de la fidélité? —Reconnaît-il son maître après une longue séparation? — Que fait-il lorsqu'il le rencontre? S'attache-t-il au pauvre comme au riche? — Défend-il son maître quand on l'attaque? — Eprouve-t-il de la douleur quand il se sépare de lui? — Pourquoi redoute-t-il cette séparation? — Qu'est-il capable de faire pour l'éviter? — Savez-vous quelques exemples de l'attachement du Chien pour son maître? — Citez-les? — Confie-t-on aux Chiens la garde des maisons? —Comment s'acquittent-ils de ce soin? — Que font-ils lorsqu'un étranger tente de s'introduire dans la maison? — Leurs cris éloignent-ils les voleurs? — Pourquoi les voleurs n'osent-ils s'exposer à lutter avec eux? — Reconnaissent-ils les mendians et les gens mal vêtus? — Que font-ils à leur approche? — Pourquoi cherchent-ils à les écarter? — L'éducation du Chien est-elle facile à faire? — Pourquoi cela? — Que lui apprend-on? — Comment le Chien exprime-t-il ce qu'il éprouve? — Varie-t-il l'accent de sa voix? — Parmi les Chiens, quel est celui qui a le plus d'instinct? — Pourquoi dites-vous que c'est le Chien de berger? — A propos de quel autre animal vous ai-je déjà parlé de ce Chien? — L'éducation du Chien de chasse est-elle facile à faire? — Quels sont ses talens et ses qualités? — Comment marque-t-il sa joie lorsqu'il entend le son du cor? — Qu'est-ce qu'un cor? — Pourquoi se sert-on de cet instrument à la chasse? — Comment le Chien peut-il trouver la trace du gibier? — Comment indique-t-il qu'il en approche? — Poursuit-il et attaque-t-il des animaux plus forts que lui? — A propos de quels animaux vous ai-je déjà parlé du Chien de chasse? — Pourriez-vous me citer d'autres espèces de Chiens remarquables aussi par leur intelligence? — Que savez-vous du Chien de Terre-Neuve? — Pourquoi porte-t-il ce nom? — Que savez-vous des Chiens du mont Saint-Bernard? — Qu'est-ce que le mont Saint-Bernard? — Qu'est-ce qu'un couvent? — Qu'est-ce que l'hospitalité? — Y a-t-il plusieurs espèces de Chiens? — Toutes ces espèces diffèrent-elles entre elles, et sous quels rapports? —Y a-t-il de très gros Chiens? —Y a-t-il une grande différence entre les plus gros et les plus petits? — Quels sont les Chiens qui ont le museau plat? — Quels sont ceux qui l'ont pointu et effilé? — Citez quelque espèce de Chien qui ait le corps couvert de poils longs ou épais; d'autres qui aient les poils ras, une autre qui n'en ait pas du tout. — Quel est le Chien qui a le meilleur odorat? — Quels sont ceux qui en ont le moins? — Des diverses espèces de Chiens, quel est le plus grand? — Quel est le plus fort? — Quel est celui qui a le plus d'instinct? Quel est celui qui court le plus vite? — Qu'arrive-t-il aux Chiens, lorsqu'on les transporte dans des pays très chauds? —Combien les Chiennes ont-elles ordinairement de petits? — Les petits Chiens naissent-ils avec les yeux ouverts? — Au bout de combien de jours les ouvrent-ils? — A quel âge perdent-ils quelques unes de leurs dents? — Ces dents sont-elles remplacées par d'autres? — Combien en ont-ils en tout? — A quel âge le Chien est-il dans sa force? — La Chienne a-t-elle une grande tendresse pour ses petits? — Que fait-elle lorsqu'on s'en approche? — Que fait-elle quand son maître les lui enlève? — Qu'arrive-t-il quand on les dépose par terre? — Combien de temps le Chien est-il à croître?

— Quelle est la plus grande durée de sa vie? — Comment connaît-on l'âge des Chiens? — Ne le connaît-on pas aussi par leur poil? — De quoi le Chien se nourrit-il? — Quel est l'aliment qu'il préfère? — Que lui donne-t-on ordinairement? — Aime-t-il les os? — Qu'en fait-il? — Le Chien est-il sujet à quelques maladies? — Quelle est celle dont il est attaqué quand il est jeune? — Cette maladie est-elle dangereuse? — Dans certains cas, se guérit-il lui-même? — Que mange-t-il? — Savez-vous pourquoi l'herbe dont vous parlez s'appelle *chiendent?* — Quelle est sa maladie la plus dangereuse? — Quelle est la cause de la rage chez le Chien? — Que fait-il quand il en est atteint? — La morsure du Chien communique-t-elle la rage? — Que doit-on faire quand on a été mordu par un Chien qu'on suppose enragé? — Existe-t-il un remède contre la rage? — Qu'éprouvent ceux qui sont atteints de cet horrible mal? — En combien de temps succombe-t-on aux crises qu'elle occasione? — Existe-t-il des Chiens sauvages? — Comment vivent-ils? — Que font-ils quand ils sont pressés par le besoin? — Rappelez-moi en peu de mots les qualités du Chien et les services qu'il rend à l'homme. — A quoi sert la graisse du Chien? — Que fait-on de sa peau?

LE CHAT.

Le Chat est aussi un animal domestique; mais il ne mérite ce nom que parce qu'il habite avec nous, dans nos maisons; car c'est un domestique très infidèle, et même un voleur déterminé. Il est naturellement méchant, d'un caractère faux, dont la perversité augmente encore avec l'âge. Il a autant de goût pour le mal que d'adresse pour le commettre. Quand il veut exécuter quelque mauvais projet, il sait cacher sa marche, épier l'occasion favorable et saisir l'instant le plus propice pour faire son coup. On le voit se tapir au bord d'un trou, dans une position ramassée, occupant le moins d'espace possible, les yeux fermés en apparence, et cependant assez ouverts pour distinguer sa proie et en saisir les moindres mouvemens; son oreille est au guet; rien ne lui échappe. Les Chats n'exercent leurs talens que contre les plus petits animaux. Ils se mettent à l'affût près d'une cage; ils épient les oiseaux, les Souris, les Rats, les Mulots, les Chauves-Souris, les Taupes, les Crapauds, les Grenouilles, les jeunes Lapins et les Levrauts. Ils deviennent d'eux-mêmes, et sans être dressés, plus habiles à la chasse que les Chiens les mieux instruits. Ils n'ont pas l'odorat fin, comme le Chien; aussi ne poursuivent-ils pas les animaux qu'ils ne voient plus; mais ils les attendent, les attaquent par surprise, et après s'en être amusés long-temps, ils les tuent, même sar nécessité et sans être pressés par la faim. Il en est qui mar gent les Souris qu'ils attrapent et d'autres qui se contentei de les tuer sans les manger; mais, avant de les mettre mort, ils leur font presque toujours subir un long supplic Ils les laissent courir, sans avoir l'air de s'en occuper, comm s'ils les avaient oubliées. La pauvre Souris espère qu'il h sera encore possible de regagner son trou, elle en repren la direction; mais, au moment où elle y touche, où elle va rentrer, le chat se précipite sur elle d'un seul bond, res saisit sa proie, et continue le même manége jusqu'à ce qu la Souris, épuisée de fatigue, froissée par les coups de patt et blessée par les coups de dents qu'elle a reçus, succoml enfin à cette longue agonie. Ces animaux voient mal pendar le jour et ils le passent presque tout entier à dormir; ma ils y voient parfaitement la nuit, et ils profitent de cet avan tage pour guetter leur proie, pour la surprendre et pour l'a taquer. Ils prennent toutes les précautions possibles pou n'être pas aperçus : ils se glissent dans l'ombre pour ne p donner l'éveil, ils posent doucement la patte, sans faire moindre bruit, et retiennent jusqu'à leur haleine. En généra ils ne poursuivent pas à la course les animaux qu'ils veulei atteindre, ils fondent sur eux par un ou plusieurs bonds qu'ils exécutent avec la plus grande facilité. Il devient d'au tant plus difficile de leur échapper, que rien n'est plus sû que leur coup-d'œil, et qu'ils calculent parfaitement la port de leur saut.

Les Chiens sont ennemis des Chats, et il est bien rare voir ces animaux vivre en bonne intelligence. Lorsque Chat est attaqué, son poil se hérisse, surtout le long du do qui se voûte à l'instant en signe de colère; leurs griffes poi tues, ordinairement cachées sous leurs pattes, se montrei tout à coup pour déchirer l'ennemi; la queue se redresse; l oreilles se penchent en arrière et s'appliquent contre les côt de la tête; la gueule s'ouvre et laisse apercevoir des den aiguës; leurs yeux sont brillans et enflammés. Ils font e tendre un bruit qui fait reculer même les plus gros Chien pour lesquels ils sont d'autant plus redoutables, qu'ils s' lancent toujours aux yeux, pour les aveugler par leurs égr tignures.

Les Chats marchent toujours obliquement et regardent de travers; ils ne s'approchent qu'en prenant des détours. Leur langue est hérissée de pointes aiguës, recourbées en dedans; elle écorche quand elle lèche. Ils ne peuvent mâcher que lentement et difficilement; leurs dents sont si courtes et si mal posées, qu'elles ne leur servent qu'à déchirer et non pas à broyer les alimens; aussi cherchent-ils de préférence les viandes les plus tendres. Ils aiment infiniment le poisson et le mangent également cru ou cuit; ils boivent fréquemment. Ils craignent beaucoup l'eau, et, quoiqu'ils sachent nager naturellement, on ne les voit jamais s'y jeter, quelque peu profonde qu'elle soit, même pour saisir les poissons qui s'y trouveraient à leur portée et dont ils sont très friands.

Le Chat est un joli animal, léger, adroit et propre. Son poil est toujours sec et lustré. Il redoute le froid et les mauvaises odeurs; il aime à se tenir au soleil; il recherche les endroits les plus chauds, le voisinage des cheminées et des fours; il aime ses aises et se couche de préférence sur les meubles les plus doux. Il affectionne aussi les parfums et se laisse volontiers prendre et caresser par les personnes qui en portent. L'odeur de la plante qu'on appelle *herbe-aux-chats* le transporte de plaisir. On est obligé, pour conserver cette plante dans les jardins, de l'entourer d'un treillage fermé; les Chats la sentent de loin, accourent pour s'y frotter, passent et repassent si souvent par dessus, qu'ils la détruisent en peu de temps.

Comme les Chats sont sujets à dévorer leurs petits, les Chattes les cachent dans des trous ou dans des endroits écartés. Elles prennent un soin particulier de ces petits, qui sont ordinairement au nombre de cinq à six. Elles se jettent, avec fureur, sur les Chiens et les autres animaux qui voudraient en approcher. Lorsqu'on les inquiète trop, elles se servent de leur gueule pour prendre leurs petits par la peau du cou et les transporter dans un autre lieu. Après les avoir allaités pendant quelques semaines, elles leur apportent des Souris, de petits oiseaux, et les accoutument de bonne heure à manger de la chair. Mais, ce qui est difficile à comprendre et ce qui n'est cependant que trop vrai, c'est que ces mêmes mères, si soigneuses et si tendres, deviennent quelquefois cruelles au point de manger aussi leurs petits, qui leur étaient si chers.

Les jeunes Chats sont remplis de grace; ils jouent quelquefois, pendant plusieurs heures, avec une boule de papier, en la faisant rouler d'un coup de patte et en se précipitant aussitôt pour la rattraper S'ils voient quelque objet suspendu, tiré ou remué, ils y sautent aussitôt, ils tâchent de l'attraper avec leur gueule ou leurs griffes; tantôt ils reculent, tantôt ils avancent; ils la saisissent de nouveau, la lâchent, la reprennent, la frappent, la jettent en l'air, le tout avec une vivacité presque incroyable. Enfin, à défaut d'autre objet, ils mordent souvent leur propre queue, ils la font jouer entre leurs pattes, puis ils s'enfuient comme effrayés, et, tout à coup, ils reviennent avec un air fier et menaçant; de sorte que, par leurs jeux, par leurs sauts, leurs bonds, leur adresse et leurs gesticulations étonnantes, ils amusent beaucoup les enfans, qui prennent plaisir à les caresser. Mais on ne saurait trop recommander de ne les toucher qu'avec précaution; car quoique leur badinage soit toujours agréable et léger, il n'est presque jamais innocent, et ils égratignent souvent dans le moment où on y pense le moins.

Quoique le Chat soit, en général, peu docile, on peut, néanmoins, lui apprendre à faire certains tours, à danser en cadence, à sauter dans un cerceau ou par dessus un bâton. Un individu est parvenu à dresser des Chats à faire une espèce de concert, et il les promenait dans les foires comme un objet de curiosité. Ces animaux, habillés de la même manière avaient chacun un papier de musique devant eux, et au milieu était un Singe qui battait la mesure. A ce signal réglé, les Chats faisaient des cris ou miaulemens, dont l'ensemble était d'un effet des plus divertissans. Cette musique discordante était accompagnée de quelques violons, qui rendaient le concert encore plus comique.

Le Chat s'affectionne à la maison où il a été élevé, ou qu'il habite depuis quelque temps; il continue d'y demeurer lorsque son maître s'en éloigne. En cela, il diffère du Chien qui suit son maître partout où il va. Il y a cependant des Chats susceptibles d'attachement, et on en a vu mourir de chagrin de la perte de leurs maîtres. On en a vu suivre, comme les Chiens, à de grandes distances dans la campagne, celui auquel ils s'étaient affectionnés, et d'autres venir rejoindre de plus de quinze lieues les personnes qui les avaient élevés Nous nous contenterons de citer ici une preuve remarquable de l'intelligence et de l'attachement d'un Chat. Son maître rentre un soir assez tard, rapportant une forte somme d'argent, qu'il touchait chaque année le même jour. A peine eut-il ouvert la porte de sa chambre, que l'animal fidèle, qui ne quittait presque jamais cette pièce, se précipite au devant de lui, en miaulant d'un ton lamentable, se tenant dans ses jambes, de manière à embarrasser sa marche, et comme pour l'empêcher d'aller plus loin. Enfin, il se lance sur sa poitrine, en fixant ses yeux sur l'alcove. Le maître flatte son Chat de la voix et de la main; mais celui-ci paraît insensible à ces caresses : puis il s'approche de l'alcove; alors le Chat saute à terre, se tient au bord du lit, son dos s'élève en se courbant, ses oreilles se couchent, son poil se hérisse, sa queue s'agite avec violence, tout en lui exprime la fureur. Le maître se baisse, aperçoit un pied, et conservant toute sa présence d'esprit, il se relève en prenant le Chat dans ses bras, et en lui disant : « Viens, mon Bibi, je t'ai laissé trop » long-temps enfermé; tu meurs de faim, pauvre animal; » viens, viens prendre ta pâtée. » A ces mots, il sort, emportant son Chat, ferme la porte à double tour, appelle du secours; on entre : on trouve sous le lit un misérable armé d'un poignard. Sans le pauvre Chat, le vol eût été commis, et peut-être même un assassinat.

Ces faits prouvent que, quelque perverses que soient les inclinations du Chat, elles se corrigent, elles se transforment en un caractère aimable de douceur, lorsqu'il est traité avec ménagement, et qu'on l'a habitué aux soins, aux caresses, à la familiarité.

On cite de nombreux exemples de Chattes qui ont nourri de leur lait des Ecureuils, des Chiens, des Lapins, et qui eurent pour ces animaux beaucoup d'affection; d'autres vivent dans l'union la plus intime avec des oiseaux, et ne leur font aucun mal. L'éducation parvient donc à améliorer le caractère du Chat.

La couleur du poil du Chat est très variée; il y en a de blancs, de noirs, de roux, de gris; il y en a aussi beaucoup de tigrés, et de deux ou de trois couleurs. D'autres ont des bandes noires sur le corps, et des anneaux de la même couleur sur la queue et sur les jambes. La longueur ordinaire du corps entier du Chat est d'un pied sept à huit pouces; sa hauteur est de six à sept pouces.

On trouve des Chats sauvages dans tous les pays. Ce chat diffère peu du Chat domestique; mais il est plus gros, plus fort; il est aussi plus vorace et plus carnassier. Il a toujours les lèvres noires, le poil un peu rude, les oreilles plus roides et la queue plus grosse. Il se nourrit d'oiseaux et de petits quadrupèdes, auxquels il fait une guerre continuelle.

On voit toujours, avec étonnement, qu'un Chat, tombant de très haut, se retrouve toujours sur ses pattes, quoiqu'il parût devoir tomber sur le dos. Il n'est pas rare qu'un Chat, précipité de l'étage le plus élevé d'une haute maison, tombe avec tant de légèreté, qu'il se met à courir au moment même de sa chute. Cet effet singulier dépend de ce qu'à l'instant de tomber, ces animaux recourbent leur corps, et font un mouvement comme pour se retirer : il en résulte une espèce de demi-tour qui les fait tomber sur leurs pattes, ce qui leur sauve presque toujours la vie. Ils ne vivent guère au delà de neuf à dix ans, et cependant ils sont très durs à la souffrance, se remettent en peu de temps de leurs blessures, et ont plus de nerf que d'autres animaux qui vivent plus long-temps.

L'utilité du Chat consiste, principalement, à nous délivrer des rats et des souris. Sa chair ne se mange qu'à défaut d'autre nourriture : elle n'est pas d'un goût désagréable, et ressemble beaucoup à celle du lapin. Sa peau est employée par les fourreurs; son poil, mêlé avec de la laine, se file, et on en fait des bas et des gants.

QUESTIONNAIRE.

Le Chat est-il un animal domestique? — Mérite-t-il ce nom comme les autres animaux domestiques dont je vous ai déjà parlé? — Quel est son caractère? — Quels sont ses défauts? — A-t-il du goût pour le mal? — Comment s'y prend-il pour le commettre? — Contre quels animaux exerce-t-il ses talens? — A-t-il besoin d'être dressé pour faire la chasse? — A-t-il l'odorat aussi fin que le Chien? — Poursuit-il les animaux qu'il n'aperçoit plus? — Comment les attaque-t-il? — Que fait-il avant de les tuer? — Ne les tue-t-il que par nécessité? — Tous les Chats mangent-ils les Souris qu'ils prennent? — Que font-ils avant de les mettre à mort? — Voient-ils bien clair pendant le jour? — Y voient-ils la nuit? — Quelles précautions prennent-ils pour n'être pas aperçus? — Poursuivent-ils à la course les animaux qu'ils veulent atteindre? — Comment les attrapent-ils? — Ont-ils le coup-d'œil sûr? — Calculent-ils bien la portée de leur saut? — Les Chiens sont-ils amis des Chats? — Ces animaux vivent-ils en bonne intelligence? — Lorsque le chat est attaqué, quelle attitude prend-il? — Quel bruit fait-il entendre, quand il est en colère? — Pourquoi le Chat est-il redoutable aux Chiens? — Où cherche-t-il à les blesser? — Dans quelle direction marche-t-il? — Comment est leur regard? — De quelle manière s'approchent-ils? — Que savez-vous de leur langue? — Leurs dents sont-elles longues? — A quoi leur servent-elles? — Quelle espèce de viande préfèrent-ils? — Aiment-ils le poisson? — Boivent-ils souvent? — Craignent-ils l'eau? — Savent-ils nager? — Le Chat est-il un joli animal? — A-t-il de la légèreté et de l'adresse? — Comment le savez-vous? — Aime-t-il la propreté? — Quelle est la nature de son poil? — Craint-il le froid? — Aime-t-il les mauvaises odeurs? — Recherche-t-il le soleil et les endroits chauds? — Aime-t-il ses aises? — Où se couche-t-il de préférence? — Affectionne-t-il les parfums? — Savez-vous le nom d'une herbe qu'il aime beaucoup? — Comment sait-on que le Chat aime cette herbe? — Comment s'y prend-on pour la conserver? — Où les Chattes déposent-elles leurs petits? — Pourquoi les portent-elles dans des endroits cachés? — Ont-elles une vive tendresse pour eux? — Combien en ont-elles ordinairement? — Que font-elles aux Chiens qui veulent en approcher? — Comment transportent-elles leurs petits d'un endroit à un autre? — Combien de temps les allaitent-elles? — Comment les nourrissent-elles ensuite? — Les Chattes ne mangent-elles jamais leurs petits? — Les jeunes Chats ont-ils de la grace? — Aiment-ils le jeu? — Avec quels objets jouent-ils ordinairement? — Comment s'y prennent-ils pour jouer? — Doit-on prendre quelque précaution pour caresser les Chats? — Que peut-on leur enseigner? — Savez-vous quelque anecdote à cet égard? — Le Chat suit-il partout son maître comme le Chien? — Affectionne-t-il les lieux qu'il habite? — Est-il susceptible d'attachement? — Citez-en quelques traits. — Comment parvient-on à améliorer le caractère du Chat? — Par quels faits vous ai-je prouvé que l'éducation pouvait changer les inclinations naturelles des Chats? — Quelle est la couleur du poil de ces animaux? — Quelle est la longueur ordinaire de leur corps? — Quelle est leur hauteur? — Y a-t-il des Chats sauvages? — Où en trouve-t-on? En quoi diffèrent-ils des Chats domestiques? — De quoi se nourrissent-ils? — Les Chats se blessent-ils en tombant de haut? — Pourquoi ne se font-ils pas de mal? — Jusqu'à quel âge vivent-ils? — Se remettent-ils facilement de leurs blessures? — A quoi sont-ils surtout utiles? — Leur chair se mange-t-elle? — Est-elle d'un goût désagréable? — Utilise-t-on leur peau? — Que fait-on de leur poil?

LA POULE.

La Poule est un oiseau domestique, doublement précieux, en ce que sa chair et ses œufs offrent constamment à l'homme une nourriture délicate et abondante. C'est la femelle du Coq, et l'on ne saurait parler de l'une, sans dire aussi quelques mots de l'autre.

Le Coq est un oiseau pesant, dont la démarche est grave et lente. Comme il a les ailes fort courtes, il ne vole que rarement, et quelquefois avec des cris qui expriment qu'il fait un effort. Il est remarquable par la beauté de sa taille, par la fierté de son regard, par le rouge brillant de sa crête, qui est dentelée comme une scie, par la variété et la vivacité de ses couleurs, et surtout par la forme agréable de sa queue, qui ne ressemble à celle d'aucun autre oiseau. Chacun de ses pieds est armé d'un ergot ou éperon pointu, qui a quelquefois jusqu'à trois pouces de longueur, et dont il se sert pour combattre ses ennemis.

Le Coq chante indifféremment la nuit et le jour; il annonce le lever du soleil; c'est une espèce de réveille-matin, une horloge vivante pour les habitans de la campagne.

Il a beaucoup de soin et d'inquiétude pour ses Poules; il ne les perd guère de vue; il les conduit, les défend, les menace, va chercher celles qui s'écartent, les ramène, et ne se livre au plaisir de manger que lorsqu'il les voit toutes manger autour de lui. Il ne souffre pas un autre Coq dans sa basse-cour; il en est jaloux; il le poursuit, le combat à outrance. Dans beaucoup de pays, et surtout en Angleterre, on a tiré parti de l'antipathie des Coqs les uns pour les autres, pour s'en faire un amusement. On met deux Coqs en présence; aussitôt leurs yeux s'animent, leurs plumes se hérissent, et souvent ils se battent jusqu'à ce que l'un des deux reste sur la place. On fait ainsi des combats de Coqs un spectacle public qui attire beaucoup de monde.

La Poule diffère du Coq, en ce que sa queue n'est pas garnie de plumes qui se recourbent; elle est presque droite, et néanmoins elle peut s'incliner du côté du cou ou du côté opposé; elle est formée de quatorze grandes plumes.

Sa voix n'est pas non plus la même, quoiqu'il y ait quelques Poules dont le cri se rapproche de celui du Coq, c'est à dire qu'elles font le même effort du gosier; mais elles ne produisent pas le même son, car leur voix n'est pas si forte, et le cri n'est pas si bien articulé. Le cri habituel de la Poule s'appelle *gloussement*. La Poule n'a pas d'ergots comme le Coq; il y a cependant quelques exceptions, mais elles sont rares. Les proportions de son corps sont, en général, plus légères que celles du Coq; cependant elles ont les plumes plus larges et les jambes plus basses.

Chez ces oiseaux, les narines sont placées de part et d'autre du bec, et les oreilles de chaque côté de la tête, avec une peau blanche au dessous de chaque oreille. Leurs pieds ont ordinairement quatre doigts, trois en avant et un en arrière. Les plumes sortent deux à deux de chaque tuyau.

Ils grattent la terre avec leurs pattes, pour chercher leur nourriture. Ils avalent autant de petits cailloux que de grains, et n'en digèrent que mieux. Ils boivent, en prenant de l'eau dans leur bec, et en levant la tête chaque fois pour l'avaler. Ils dorment le plus souvent un pied en l'air et en cachant leur tête sous l'aile du même côté.

Les Coqs ne pondent pas; les Poules pondent toute l'année, excepté pendant la mue, qui dure ordinairement six semaines ou deux mois, et qui a lieu sur la fin de l'automne ou au commencement de l'hiver. Cette mue n'est autre chose que la chute des vieilles plumes, qui, poussées par les nouvelles, se détachent comme les vieilles feuilles des arbres ou comme le vieux bois des cerfs. Il y a des Poules qui pondent tous les deux ou trois jours, d'autres tous les jours, quelques unes, mais en petit nombre, jusqu'à deux fois par jour. Généralement, à trois ou quatre ans, elles ne pondent plus.

Les œufs de Poule sont entièrement blancs. Le poids moyen d'un œuf ordinaire est d'environ une once six gros. Le jaune se trouve au milieu de l'œuf; le reste est rempli par le blanc.

Lorsqu'une Poule a pondu vingt-cinq ou trente œufs, elle éprouve le désir de couver; elle indique ce besoin par un gloussement particulier. Si elle n'a pas ses propres œufs, elle couve indifféremment et avec la même ardeur ceux d'une autre Poule, ou même ceux d'un oiseau d'une autre espèce; enfin, à défaut d'œufs véritables, elle couve même des œufs de pierre ou de craie. Lorsque la Poule trouve des œufs à couver, ou qu'on en place dans un endroit écarté et propice, elle se pose dessus, les environne de ses ailes, les échauffe de sa chaleur, les remue doucement les uns après les autres, comme pour leur communiquer à tous un degré de chaleur égal; elle se livre tellement à cette occupation, qu'elle en oublie le boire et le manger. Elle n'omet aucun soin, elle n'oublie aucune précaution pour amener à bien sa couvée. Petit à petit, le Poulet se développe dans l'œuf, et lorsqu'il est complètement formé, il brise sa coquille avec son bec, et il en sort, couvert seulement d'un léger duvet, qui, plus tard, se change en plumes. C'est ordinairement vers le vingt et unième jour que le Poulet se débarrasse de l'enveloppe d'écaille dans laquelle il était emprisonné.

On parvient aisément à faire éclore des œufs sans le secours de la Poule, et à en faire éclore un très grand nombre à la fois : pour cela on les met dans un endroit chaud, comme un four ou une étuve, en y entretenant une chaleur aussi égale que possible à celle de la Poule, et, par ce moyen, on obtient aussi des Poulets; mais il faut infiniment de précautions pour les élever.

Lorsque les Poulets sont éclos, la tendresse de la Poule pour eux augmente chaque jour, à raison des soins nouveaux qu'exige leur faiblesse. Sans cesse elle est occupée d'eux ; elle ne cherche de la nourriture que pour eux. Si elle n'en trouve point, elle gratte la terre avec ses ongles pour y découvrir quelque grain, quelques vermisseaux, et elle s'en prive en faveur de ses poussins. Elle les rappelle lorsqu'ils s'éloignent, les met sous ses ailes pour les abriter contre le froid ou la pluie, et les couve ainsi une seconde fois. Elle se livre à ces tendres soins avec tant d'ardeur, que sa constitution en est altérée, et qu'il est facile de distinguer de toute autre Poule une mère qui mène ses petits, soit à ses plumes hérissées et à ses ailes traînantes, soit au son enroué de sa voix et à l'expression particulière de ses cris. Il faut voir avec quel courage elle s'expose à tout pour les défendre. Aperçoit-elle un oiseau de proie, cette mère si faible, si timide, qui, en toute autre circonstance, chercherait à lui échapper par la fuite, devient intrépide par attachement pour ses petits; elle s'élance au devant de l'ennemi, et, par ses cris redoublés, ses battemens d'ailes et son audace, elle en impose souvent à l'oiseau car-

nassier, qui, ne prévoyant pas une telle résistance, s'éloigne et va chercher ailleurs une proie plus facile.

On fait quelquefois couver par la Poule des œufs de Canard ou de tout autre oiseau d'eau; elle a pour les petits qui naissent la même affection que pour ses propres poussins. Elle croit que ce sont ses enfans; et lorsque, poussés par leur instinct, ils vont se plonger dans une mare ou dans une pièce d'eau, c'est un spectacle curieux et singulier de voir la surprise et les inquiétudes de la pauvre Poule, qui voudrait les suivre, mais qui éprouve pour l'eau une répugnance invincible. Elle s'agite sur le rivage, elle tremble et se désole, en voyant toute sa couvée qu'elle croit dans un grand danger, sans qu'elle ose aller à son secours.

Les Poules vivent de grains, de pain, de vers et d'autres insectes. En hiver, on les nourrit avec des vanneries de grains, mêlées de quelques herbes qu'on hache, ou de quelques fruits, et de son bouilli. Lorsqu'on veut qu'elles pondent, on leur donne de l'avoine, de l'orge, de la vesce, du millet. Elles trouvent une nourriture abondante dans les fermes, dans les écuries, et dans tous les endroits où il y a du fumier de chevaux.

On trouve des Poules dans tous les pays, et la couleur du plumage de ces oiseaux est extrêmement variée. Il y en a de blanches, noires, fauves, dorées, argentées, marquetées de noir et de chamois, etc. Il y en a qui portent une huppe sur la tête, de blanches à huppe noire, de noires à huppe blanche, etc. On préfère généralement les Poules noires, parce qu'on a remarqué qu'elles pondent davantage, et qu'à raison de leur couleur elles échappent plus facilement à la vue des oiseaux de proie qui planent sur les basses-cours.

Les Poules ont aussi une crête sur la tête, mais elle n'existe pas au moment de leur naissance; ce n'est qu'au bout d'un mois qu'elle commence à se développer. Elles prennent leur accroissement jusqu'à l'âge d'un an; elles peuvent vivre jusqu'à quinze ans.

Lorsque les Poulets sont jeunes, leur chair est délicate et recherchée. A mesure que les Poules veillissent, elles deviennent dures et ne se mangent plus que bouillies.

Les œufs de Poule offrent partout une nourriture saine et abondante. On les fait servir à une foule d'usages, et à la préparation d'une infinité de mets. On les emploie dans la cuisine et surtout dans la pâtisserie.

Les plumes du coq entrent dans divers ornemens; celles de sa queue servent particulièrement à faire des plumeaux pour épousseter les meubles.

QUESTIONNAIRE.

Que représente cette gravure? — Qu'est-ce que la Poule? — Pourquoi la Poule est-elle un oiseau précieux pour l'homme? — Qu'est-ce que le Coq? — Comment marche-t-il? — Vole-t-il bien? — Pourquoi ne vole-t-il que rarement et avec difficulté? — Que savez-vous de sa taille, et de son regard? — Que remarque-t-on sur sa tête? — Quelle est la couleur de sa crête? — Quelle en est la forme? — Le Coq est-il remarquable par les couleurs de son plumage? — Quelle est la forme de sa queue? — Ressemble-t-elle à celle des autres oiseaux? — Que remarque-t-on à ses pieds? — Quelle est la longueur de ses ergots? — A quoi lui servent-ils? — Quand le Coq chante-t-il? — Chante-t-il de bonne heure le matin? — A-t-il soin de ses poules? — Que fait-il lorsqu'elles s'écartent? — Que fait-il lorsqu'il aperçoit un autre Coq? — Que vous ai-je dit des combats de Coqs? — La queue de la Poule ressemble-t-elle à celle du Coq? — Quelle est la différence? — Quelle est la forme de la queue de la Poule? — De combien de plumes est-elle composée? — La voix de ces deux oiseaux est-elle la même? — A-t-elle du moins quelque ressemblance? — Par quel mot exprime-t-on le cri ordinaire de la Poule? — La Poule a-t-elle des ergots? — Les formes de son corps sont-elles les mêmes que celles du Coq? — Où sont placées les narines et les oreilles de ces oiseaux? — Que remarque-t-on au dessous de chaque oreille? — Combien leurs pieds ont-ils de doigts? — Quelle est la direction de ces doigts? — Combien de plumes sortent de chaque tuyau? — Comment la Poule et le Coq cherchent-ils leur nourriture? — Qu'avalent-ils quelquefois? — Comment boivent-ils? — Dans quelle situation dorment-ils? — Les Coqs pondent-ils? — Les Poules pondent-elles toute l'année? — Qu'est-ce que la mue? — Combien de temps dure-t-elle? — A quelle époque a-t-elle lieu? — Les poules pondent-elles tous les jours? — Jusqu'à quel âge pondent-elles? — Quelle est la couleur de leurs œufs? — Quelle en est la forme? — Quel en est le poids? — Où est placé le jaune dans l'œuf? — Où se trouve le blanc? — Qu'est-ce que couver? — Quand les Poules ont-elles envie de couver? — Comment expriment-elles ce besoin? — Une Poule couverait-elle les œufs d'une autre Poule? — Couverait-elle ceux d'un oiseau d'espèce différente? — Couverait-elle des œufs de pierre et de craie? — Comment la Poule s'y prend-elle pour couver? — Se livre-t-elle avec ar-

deur à cette occupation ?—Que fait le Poulet lorsqu'il est enfermé dans l'œuf? — De quoi a-t-il le corps couvert en naissant? — Que devient, plus tard, le duvet? — Combien de jours le Poulet reste-t-il dans sa coquille avant de naître? — Peut-on faire éclore des Poulets sans le secours de la Poule? — Comment y parvient-on? — C'est donc la chaleur qui fait éclore les Poulets? — La Poule a-t-elle une grande tendresse pour ses *Poussins?* — Comment la leur prouve-t-elle? — Une mère qui se prive pour ses enfans est-elle une bonne mère? — Pourquoi cela? — Que fait la Poule lorsque ses Poussins s'éloignent? — Comment les abrite-t-elle contre le froid? — Est-il facile de reconnaître une Poule qui a des Poussins? — A quels signes? — Que fait-elle lorsqu'un oiseau de proie menace ses petits? — Aurait-elle le même courage, si elle n'avait pas de Poussins? — Pourquoi s'expose-t-elle pour les défendre? — Qu'est-ce que des oiseaux d'eau? — La Poule est-elle un oiseau d'eau? — Et le Canard? — Lorsqu'on fait couver des œufs de Canard par une Poule, aime-t-elle autant les petits Canards que ses Poussins? — Pourquoi leur montre-t-elle la même affection? — Que fait la Poule lorsque ces petits Canards vont se plonger dans l'eau? — Pourquoi ne les suit-elle pas? — De quoi vivent les Poules? — Comment les nourrit-on en hiver? — Que leur donne-t-on lorsqu'on veut qu'elles pondent? — Pourquoi les fermes et les écuries leur offrent-elles une nourriture abondante? — Toutes les poules ont-elles le même plumage? — Qu'est-ce qu'une huppe? — Y a-t-il des Poules huppées? — Quelle est la couleur des Poules qu'on préfère généralement? — Pourquoi cette préférence? — Les Poules ont-elles aussi une crête sur la tête? — Naissent-elles avec cette crête? — Quand commence-t-elle à se développer? — Jusqu'à quel âge les Poules prennent-elles leur accroissement? — Jusqu'à quel âge vivent-elles? — La chair des Poulets est-elle délicate? — Celle des vieilles Poules est-elle aussi tendre que celle des Poulets? — Quel usage fait-on des œufs de Poule? — A quoi servent les plumes de Coq? — A quoi emploie-t-on celles de la queue?

LE CANARD.

Le Canard est un oiseau qui passe une partie de sa vie sur l'eau. Il est à peu près de la grosseur d'une Poule; son bec est large, épais, dentelé sur les bords; sa langue est également épaisse, et l'extrémité en est très dure.

Sa queue est courte; ses jambes sont placées fort en arrière, de sorte qu'il éprouve de la difficulté pour marcher et garder l'équilibre sur terre. Sa démarche chancelante lui donne un air lourd que l'on prend pour de la stupidité; mais, lorsqu'il est dans l'eau, on reconnaît la facilité de ses mouvemens, la force et même la finesse de son instinct. Le plumage du Canard est de diverses couleurs; ceux qui sont gris et noirs, noirs et blancs, sont les plus communs; les blancs sont plus rares.

On distingue deux principales sortes de ces oiseaux : les Canards domestiques et les Canards sauvages.

Les Canards domestiques sont ceux que l'on élève et qui séjournent dans les basses-cours; ils y forment une des plus utiles et des plus nombreuses familles de nos volailles.

La femelle du Canard s'appelle *Cane*. Elle est moins grosse et d'une couleur plus foncée que le Canard : outre ces différences, le mâle est encore distingué par quelques plumes de la queue qui se relèvent en forme de crochet.

Comme ces animaux se plaisent beaucoup plus dans l'eau que sur terre, il faut, quand on veut en élever, qu'ils aient à leur portée une pièce d'eau, une mare, un ruisseau ou une rivière où ils puissent se plonger et tremper leurs alimens pour les ramollir. Il faut leur donner à manger, soir et matin, dans le même lieu.

Les Canes pondent depuis le mois de mars jusqu'à la fin de mai; leurs œufs ressemblent à ceux des Poules, et sont de la même grosseur. Les petits, que l'on nomme *Canetons*, sont trente et un jours à éclore. On leur donne à manger du son, des herbes hachées, du gland, des restes de viande et de soupe, des petits poissons. Plus tard, leur nourriture ordinaire se compose d'insectes, de grenouilles, de graines, de plantes marécageuses. Les Canards domestiques les plus communs sont ceux que l'on nomme *Barboteurs*, parce qu'ils ont toujours le bec dans la bourbe, comme pour la sucer, et y chercher des vers et des insectes.

Cet oiseau est fort utile; il coûte peu à nourrir; sa chair est très bonne à manger, quoique d'une digestion assez difficile. Les plumes de son estomac et du ventre fournissent un duvet qui sert à faire des objets de coucher, tels que des oreillers, des traversins, etc.

Les Canards sont sujets à la mue; leurs grandes plumes tombent quelquefois en une seule nuit, et il s'écoule environ un mois avant qu'ils soient recouverts d'autres plumes.

Les Canards sauvages fuient les hommes, se tiennent constamment sur les eaux, et ne font, pour ainsi dire, que passer et repasser en hiver dans nos contrées; ils retournent au printemps dans les pays du Nord. C'est vers le milieu du mois d'octobre que paraissent, en France, les premiers Canards sauvages; leurs bandes, d'abord petites, sont suivies, en novembre, par d'autres plus nombreuses. On reconnait ces oiseaux par leur vol élevé et par le triangle que forme leur troupe dans l'air; et lorsqu'ils sont tous arrivés des pays froids, on les voit continuellement voler et se porter d'un étang, d'une rivière à une autre.

C'est alors que les chasseurs en prennent un grand nombre, soit par des piéges, soit par des filets. La chasse aux Canards demande beaucoup de finesse, parce que ces oiseaux sont très défians; jamais ils ne se reposent qu'après avoir bien examiné le lieu où ils voudraient s'abattre, afin de reconnaître s'il ne cache aucun ennemi. Ils se tiennent toujours éloignés des rivages; quelques uns d'entre eux veillent à la sûreté de tous, et donnent l'alarme dès qu'il y a péril.

Il y a plusieurs manières de chasser les Canards; en voici une qui est assez en usage.

Le soir, à la chute du jour, on place des Canes domestiques sur le bord des eaux où l'on veut attirer les Canards sauvages; le chasseur, caché dans une hutte, ou couvert de quelque autre manière, les attend sans être aperçu, et les tire avec avantage.

En temps de neige, on va aussi à la chasse au Canard, en se couvrant d'une grande nappe de toile blanche, d'un masque de papier blanc sur le visage, et en roulant un ruban blanc autour du fusil; au moyen de ces précautions, les Canards se laissent approcher sans défiance.

Quelquefois on dispose des filets dont la détente vient répondre dans la retraite du chasseur; ces filets, qui sont tendus sur l'eau, occupent un assez grand espace et embrassent, en se relevant, la troupe des Canards sauvages que les canes domestiques ont attirée.

Lorsque ces oiseaux voyagent, ils se disposent en deux colonnes; celui qui est placé au sommet fend les airs et facilite le vol des deux colonnes qui le suivent; lorsqu'il est fatigué, il va se placer à la queue; celui qui était derrière lui prend sa place, et, ainsi de suite, chacun à son tour devient le conducteur.

C'est principalement le soir et même la nuit qu'ils prennent leur volée, soit pour chercher leur nourriture, soit pour voyager.

Quand la cane sauvage couve, et qu'elle veut quitter ses œufs, même pour peu de temps, elle les enveloppe dans le duvet qu'elle s'est arraché pour en garnir son nid : jamais elle ne s'y rend en volant ; elle se pose cent pas plus loin, et pour y arriver, elle marche avec défiance, en observant s'il n'y a pas d'ennemis ; mais lorsqu'une fois elle est posée sur ses œufs, l'approche même d'un homme ne les lui fait pas quitter.

Le Canard sauvage est plus estimé que le Canard domestique ; il est plus sain et de meilleur goût.

QUESTIONNAIRE.

Qu'est-ce que le Canard ? — Quelle est sa grosseur ? — Quelle est la forme de son bec ? — Quelle est la nature de sa langue ? — La queue du Canard est-elle longue ? — Comment ses jambes sont-elles placées ? — Marche-t-il aisément ? — Quelle démarche paraît-il avoir ? — N'a-t-il pas l'air stupide ? — Que remarque-t-on lorsqu'il est dans l'eau ? — Combien distingue-t-on de sortes principales de Canards ? — Qu'est-ce que les Canards domestiques ? — Où les élève-t-on ? — Sont-ils nombreux ? — Comment nomme-t-on la femelle du Canard ? — Est-elle aussi grosse que le mâle ? — Qu'est-ce qui distingue encore le mâle de la femelle ? — Quelles sont les choses qui sont utiles pour élever des Canards ? — Où se plaisent surtout ces oiseaux ? — A quelle époque les Canes pondent-elles ? — A quoi ressemblent leurs œufs ? — Comment nomme-t-on les petits ? — Combien sont-ils de temps à éclore ? — Que leur donne-t-on à manger ? — Quand ils sont gros, quelle est leur nourriture ordinaire ? — Comment nomme-t-on les Canards les plus communs ? — Pourquoi les nomme-t-on Barboteurs ? — Le Canard est-il utile ? — Dépense-t-on beaucoup pour sa nourriture ? — Sa chair est-elle bonne à manger ? — Se digère-t-elle facilement ? — Que fait-on des plumes du Canard ? — Est-il sujet à la mue ? — Qu'est-ce que la mue ? — Les Canards sauvages s'approchent-ils des hommes ? — Où se tiennent-ils ? — Dans quelle saison passent-ils dans nos contrées ? — A quelle époque s'en vont-ils ? — Dans quels pays retournent-ils ? — A quelle époque les premiers Canards paraissent-ils en France ? — Dans

quel mois paraissent-ils en grand nombre dans ce pays? — A quoi reconnaît-on ces oiseaux quand ils voyagent? — Que font-ils quand ils sont arrivés? — A quel moment les chasseurs en prennent-ils un grand nombre? — Par quels moyens? — Que font les Canards avant de s'abattre? — De quel endroit se tiennent-ils toujours éloignés? — Y a-t-il plusieurs manières de chasser les Canards? — Comment attire-t-on les Canards dans les piéges? — Comment les chasseurs se couvrent-ils en temps de neige, pour pouvoir s'approcher des Canards? — Pourquoi se couvrent-ils de blanc? — Comment place-t-on les filets? — Comment les Canards se disposent-ils lorsqu'ils voyagent? — Comment se place le Canard qui dirige la troupe? — Qu'est-ce qu'un triangle? — Quelle forme ont les volées de Canards? — A quelle époque les Canards prennent-ils leur volée? — Que fait la Cane lorsqu'elle veut quitter les œufs qu'elle couve? — Avec quelle précaution se rend-elle à son nid? — Quand elle est posée sur ses œufs, les quitte-t-elle à l'approche d'un homme? — Le Canard sauvage est-il plus estimé que le Canard domestique? — Pourquoi?

IMPRIMERIE DE Mme HUZARD, RUE DE L'ÉPERON, 7.

www.ingramcontent.com/pod-product-compliance
Ingram Content Group UK Ltd.
Pitfield, Milton Keynes, MK11 3LW, UK
UKHW021649260726
13994UKWH00003B/1364

9 782329 431130